반도체 드라이 에칭 기술

Dry Etching Technology for Semiconductors

노지리 카즈오 著 | 전민성 譯

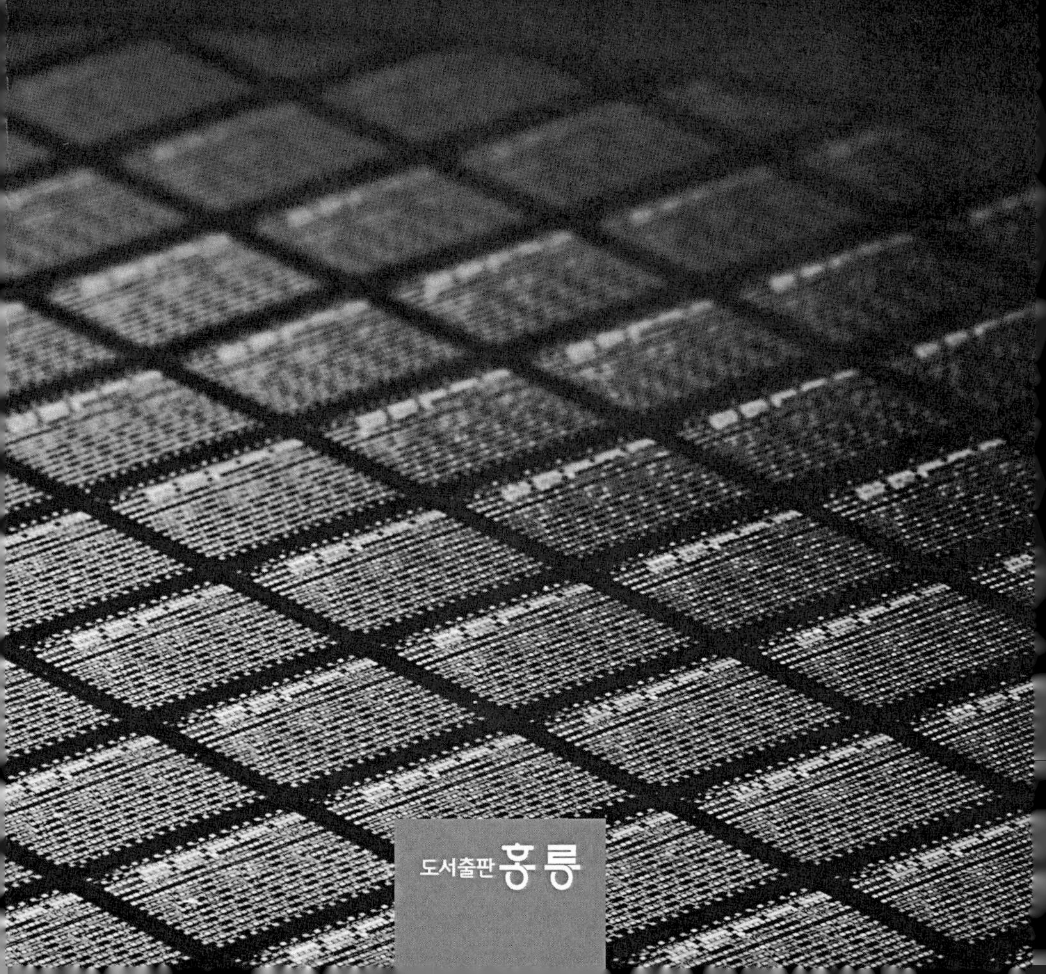

도서출판 홍릉

반도체 드라이 에칭 기술

인 쇄: 2021년 9월 30일 초판 1쇄
발 행: 2021년 10월 12일 초판 1쇄

역 자: 전민성
발행인: 송 준
발행처: 도서출판 홍릉
주 소: 01093 서울시 강북구 인수봉로 50길 10

등 록: 1976년 10월 21일 제5-66호

전 화: 02-999-2274~5, 903-7037
팩 스: 02-905-6729
e-mail: hongpub@hongpub.co.kr
http://www.hongpub.co.kr
ISBN: 979-11-5600-882-8(93560)

정 가: 32,000원

번역을 시작하며

반도체 공정 중에서 핵심 공정에 해당하는 건식식각관련 업무에 종사하면서 새로운 기술을 접할 때 마다 논문을 읽으며 방대한 분량의 자료들을 분석하고, 필요한 부분만을 발췌하여 일목요연하게 정리를 해야 할 필요를 느끼게 되었다. 또한, 후임 연구원, 엔지니어들이 입사 할 때마다, 그들을 교육시키고 기술을 전수하기 위하여서 프리젠테이션 자료를 준비하지만 기초 이론에서부터 응용에 이르기까지 모든 것을 한꺼번에 전수하기에는 상당한 시간이 소요 되었다. 특히, 건식식각 분야의 기술은 Technology node size의 감소로 인하여 점점 중요한 역할을 차지하고 있으나, 체계적인 이해와 기술습득을 위한 추천할 만한 도서가 국내에 없음을 알게 되었다. 또한, 최신 기술을 섭렵하기 위하여 논문을 읽을 것을 권하는 것 외에는 딱히 다른 해결책이 없음이 답답한 상황이었다.

그러던 중, 작년 중순에 일본에서 발간된 건식식각만을 다룬 한 권의 전문서적을 접하게 되었다. 더욱이, 식각 기술의 글로벌 선도기업인 LAM Research에서 연구소장을 역임한 Nojiri Kazuo씨가 저술한 책이기에 오랜 세월의 실무 노하우를 얻을 수 있을 것이라 기대하며 책을 구독하게 되었다. 한 장 한 장 각 chapter를 읽어 나가며, 너무나도 알기 쉽고 체계적으로 쓰여져 있었기에 상당한 도움이 되었다. 또한, 기존에 경험적으로 알고 있던 부분들을 이론적으로 체계화하고 이해할 수 있어서 단숨에 책 한 권을 마무리 하게 되었다.

이로 인하여 역자뿐 아니라 동일 분야의 연구 및 개발업무로 대학, 연구소, 산업현장에 근무하고 있는 모든 이들에게 본 도서가 도움이 되었으면 하는 마음으로 바로 번역을 시작 하였다. 입문자 뿐만 아니라 오랫동안 현업에서 실무 종사한 연구자, 엔지니어에게도 상당한 이해와 체계를 잡는데 도움이 될 것이라 생각한다. 초판이기에 오자, 탈자 및 번역에 있어서 자연스럽지 못한 부분도 있으리라 생각하기에 양해를 부탁 드린다. 부디, 본 도서를 통하여 건식식각 기술을 이해 하는데 모든 이에게 작으나마 도움이 되기를 소망한다.

2021년 4월 어느 늦은 밤에

전 민성

개정판을 발간하며

"반도체 건식식각 기술"은 2012년 초판이 출간된 이후, 현장에 있어서는 실무서로서, 기업이나 대학에 있어서는 교과서로서 많은 분들에게 애독되어 왔다. 그 사이 반도체의 미세화, 고집적화의 진보는 멈출 줄을 모르고 계속하여 새로운 기술이 도입되었다. Logic 디바이스의 사이즈는 10 nm를 넘어서 원자 수준의 공정제어가 필요하게 되었다. 이를 실현할 수 있는 건식식각 기술로서 원자층 식각기술이 실용화 단계에 이르렀다. Flash 메모리는 3D NAND를 대표로하는 3차원 구조로 옮겨가서 96층의 3D NAND가 양산화 되고 있다. 여기서는 종횡비 60 이상의 깊은 메모리 홀을 식각하는 기술이 요구된다. 그리고, 초판에서 해설한 이중 패터닝 기술은 상당히 진화하여, 10 nm 이하의 패턴이 형성 가능한 쿼드 패터닝(SAQP) 기술이 양산에 사용되고 있다. 이와 같은 배경을 근거로 최신 반도체 개발과 제조에 종사하는 독자의 필요에 발맞추어 최신 기술을 추가한 개정판을 출간하기에 이르렀다.

금번 개정에서는 위에서 언급한 새로운 기술, 다시말해 현재 가장 주목을 받고 있는 1) 원자층 식각, 2) 3D NAND용 고종횡비의 홀 식각, 3) SAQP를 새로이 추가하는 것과 함께, 기존 기술에 관하여서도 사이즈(CD, Critical Dimension)의 기판 면내 균일성 향상과 챔버 벽이 공정에 미치는 영향 등 기술의 진보에 맞추어 일부 개정을 하였다. 그리고, 플라즈마 손상에 대하여서는 새로이 게이트 산화막 파괴의 메커니즘과 게이트 산화막 파괴를 일으키는 영향 등을 추가하여 현상을 더욱 깊이 이해 할 수 있도록 배려하였다. 개정판의 집필에 있어서는 어려운 수식을 사용하지 않고, 초심자에게도 건식식각의 메커니즘이 간단하게 이해될 수 있도록 초판과 동일한 방식으로 설명하였다.

본 서에서는 독자가 건식식각의 기초부터, 장치, 최신 응용기술에 이르기까지 계통적으로 이해 할 수 있도록 배려했을 뿐만 아니라 보다 실무에 가까운 지식을 얻을 수 있도록 하였다. 최신 기술을 새로이 추가한 본 개정판이 건식식각 관련 업무에 종사하는 엔지니어에게 업무를 수행함에 있어서 참고가 된다면 상당히 행복할 것 같다.

2020년 5월

노지리 가즈오

차례

3장 각종 재료의 식각

4장 건식 식각장치

1장
반도체 집적회로의 발전과 건식식각 기술

최근 멀티미디어와 같은 고도 정보기기의 실용화가 급속도로 진행되고 있지만, 이와 같은 전자정보 산업의 진보를 지지해 오고 있는 것은 마이크로 프로세서, 메모리 등의 각종 반도체 집적회로(Large Scale Integration, 이하 LSI로 표기)이다. LSI의 진보는 상당히 빨라 매2년마다 2배의 속도로 고집적화가 진행되고 있다. 이와 같은 고집적화의 트렌드를 무어의 법칙이라고 부른다. 그리고, 최소 가공 수법은 3년에 약 0.7배 정도로 축소되어 왔다. **그림 1-1**은 반도체 디바이스의 미세화의 진보를 나타낸다. 2020년 현재, 5 nm 노드(node)의 Logic 디바이스가 본격적인 양산에 돌입하려 하고 있다.

LSI 고집적화란 하나의 칩(Chip) 내에 얼마나 많은 소자를 집적화시켜 넣느냐를 의미하며, 또한 하나하나의 소자를 얼마나 작게 만드느냐가 핵심이다. 이것을 실현시키기 위한 기반기술이 미세가공 기술이다. 미세가공 기술은 크게 리소그라피(석판인쇄) 기술과 건식식각 기술로 분류할 수 있다. 리소그라피 기술은 감광성 재료인 레지스트에 원하는 형태의 회로패턴을 형성시키는 기술이다.[1)] 건식식각 기술은 이 레지스

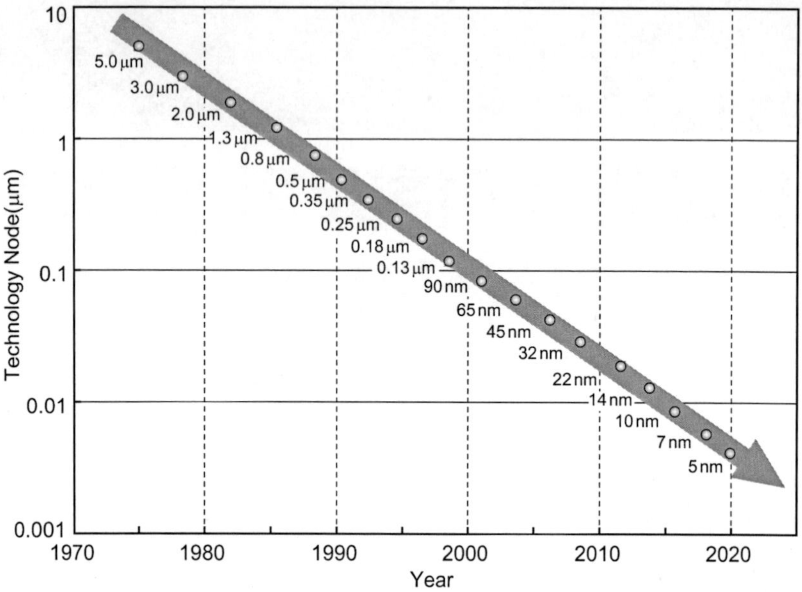

그림 1–1 반도체 디바이스의 미세화 진보

트를 마스크로 이용하여 기판 위에 쌓아 올린 각종 박막을 부분적으로 제거하여 레지스트에 형성시킨 회로패턴을 하부의 박막으로 전사(轉寫)하는 기술을 의미한다. 본 장에서는 건식식각 기술의 개요와 LSI의 고집적화에 건식식각 기술이 미치는 영향에 대하여 서술한다.

LSI의 제조에 있어서 비용의 절감은 중요한 과제 중 하나이다. 그렇기 때문에 **그림 1–2**에서 나타낸 것처럼, 기판(웨이퍼, Wafer)의 대구경화가 진행되어 왔다. 실리콘 기판 상에는 **그림 1–3**에서 나타낸 것처럼 많은 LSI 칩(Chip)이 형성된다.

이와 같은 칩 패턴은 리소그라피 공정에 있어서 노광장치(Stepper)의

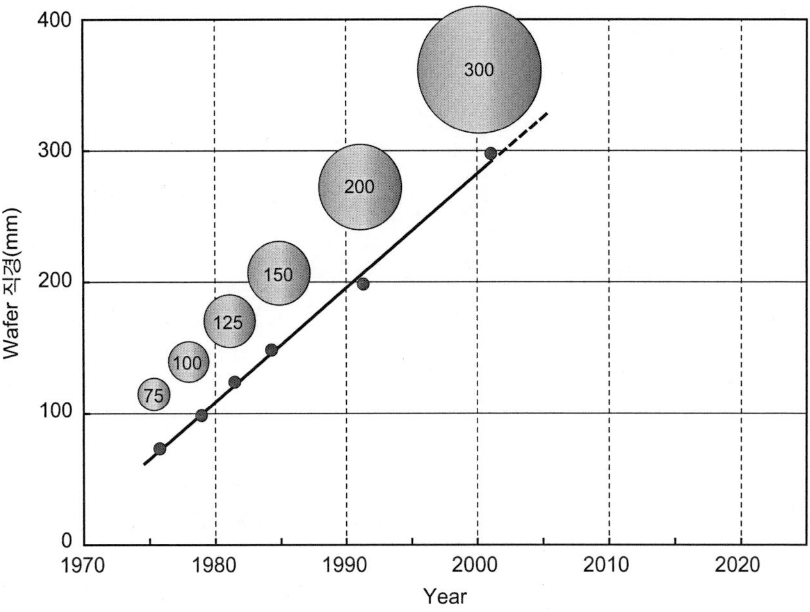

그림 1-2 실리콘 웨이퍼의 대구경화

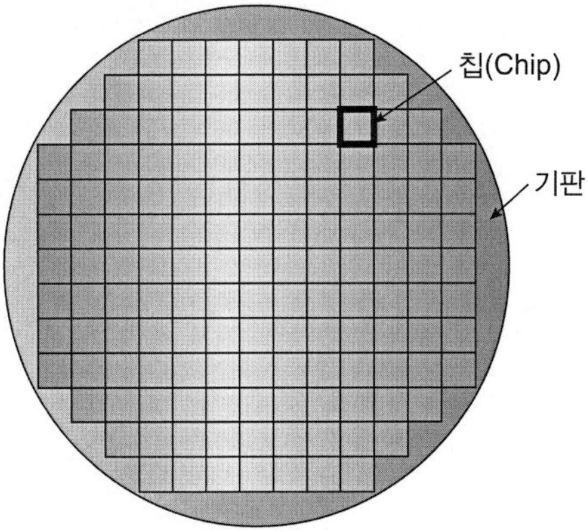

그림 1-3 웨이퍼상에 형성된 LSI 칩

분할 노광방식(Step and Repeat)으로 웨이퍼 상에 인화된다.[1] 기판을 대구경화하면 웨이퍼 한 장당 만들 수 있는 칩의 개수를 증가시킬 수 있기 때문에, 1개의 칩(Chip) 당 비용의 절감이 가능하다. 현재 양산에서 사용되고 있는 것은 직경 300 mm의 웨이퍼가 최대이지만, 다음에는 450 mm의 웨이퍼가 사용될 예정이다.

지금까지 언급한 것과 같이 반도체 산업에 있어서는 디바이스의 미세화와 웨이퍼의 대구경화가 불가피하다. 건식식각에서는 이것을 실현시키기 위하여 기술혁신이 요구된다.

1.1 건식식각의 개요

그림 1-4에서는 건식식각의 개요를 정리하여 나타냈다. 여기에서는 대표적인 실례로 평행 평판형 건식식각 장치를 바탕으로 설명한다. 이 형태의 식각장치는 RIE(Reactive Ion Etching, 반응성 이온식각)라고 불린다. 먼저, 식각 챔버(Chamber)를 고 진공으로 배기시킨 후, 식각 가스를 도입한다.

다음으로는 서로 마주보고 있는 하나의 전극에 13.56 MHz의 RF 전원(고주파 전력)을 인가하면 플라즈마(Plasma)가 발생한다. 이 플라즈마 안에서 식각 가스는 해리되고, 이온, 라디칼과 같은 반응종과 폴리머(Polymer)를 형성하는 근본이 되는 모노머(Monomer)가 생성된다. 이와 같은 반응종과 모노머가 웨이퍼 표면으로 이동하여 피식각(식각의 대상) 재료와 반응한다. 이때에 웨이퍼 근방에서는 그림 1-4의 왼편에서 나타낸 것과 같은 식각과 폴리머의 퇴적이 경합하는 복잡한 반응이 일어난다.

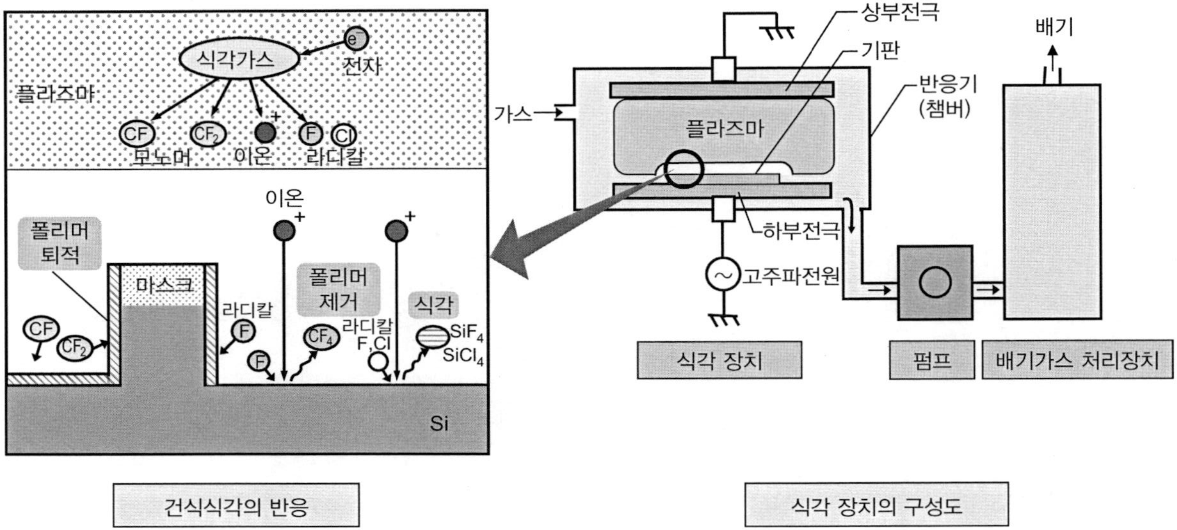

그림 1-4 건식식각의 개요

이 경우, CF나 CF_2의 모노머가 폴리머를 형성하여 패턴의 표면에 쌓인다. 이 폴리머는 이온과 F 라디칼의 작용에 의하여 CF_4의 형태로 제거되고, 계속하여 하부의 모재(母材)인 Si이 이온과 F이나 Cl 라디칼의 작용에 의하여 식각된다. 이때 형성된 반응 생성물이 웨이퍼 표면으로부터 탈착(脫着)하여 식각이 진행된다. 이 반응 생성물은 최종적으로 배기가스 처리장치를 통하여 대기로 배출된다.

그림 1–5는 건식식각 공정의 흐름도를 나타낸다. 여기에서는 대표적인 일례로 게이트 식각 공정을 나타내고 있다. (1) 먼저 Si 기판 위에 게이트(Gate) 산화막을 형성한다. 그 위에 게이트 재료가 되는 Poly-Si을 퇴적시킨다. (2) 다음으로 리소그라피 기술을 이용하여 레지스트 마스

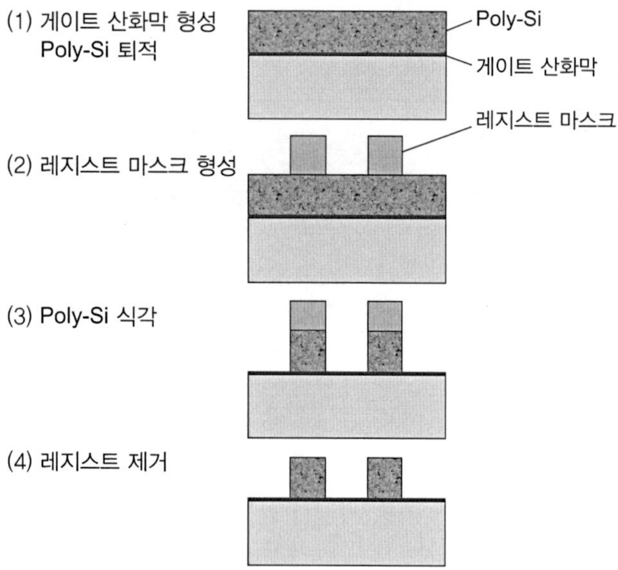

그림 1–5 건식식각의 공정 흐름도

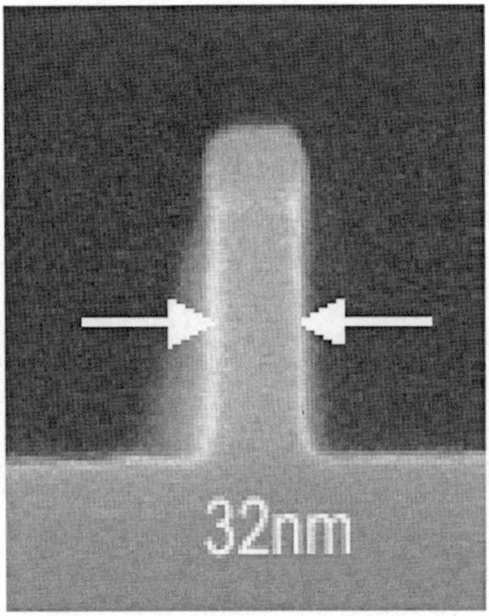

그림 1–6 게이트 식각의 실례[2)]

크(게이트 패턴)를 형성한다. (3) 웨이퍼를 건식식각 장치에 넣은 후, 레지스트를 마스크로 이용하여 하부의 Poly-Si을 식각하고, 게이트 산화막이 노출될 때까지 식각을 진행한 후 멈춘다. (4) 불필요하게 된 레지스트를 제거하고, Poly-Si 게이트를 완성한다. **그림 1–6**에는 32 nm의 게이트 식각 형상의 SEM 사진을 나타내었다.[2)]

1.2 건식식각의 평가요소

건식식각의 성능을 평가함에 있어서 필요한 요소(Parameter)에 대하여 **그림 1–7**을 사용하여 설명한다. 먼저 식각속도의 경우, 피식각막(식각하고자 하는 물질의 막)의 식각속도(ER_1)는 식각을 진행한 시간으로부터 산출한다. 피식각막의 식각속도는 식각장치의 처리능력, 다시 말

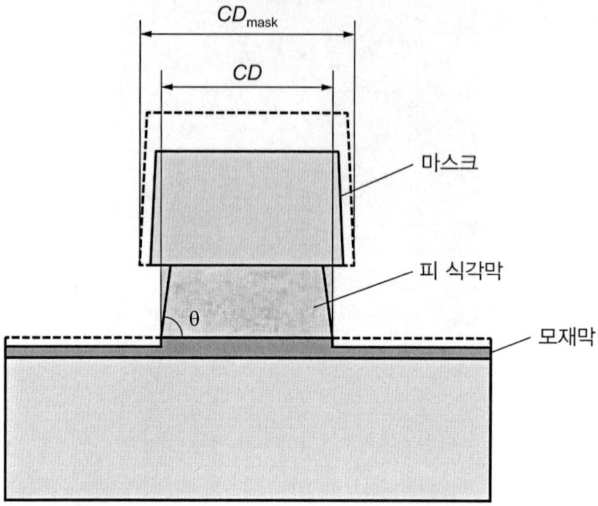

평가 요소(Parameter)

1. 식각속도: 피 식각막(ER_1), 모재 막(ER_2), 마스크(ER_3)
2. 선택비: 피 식각막/모재막 = ER_1/ER_2, 피 식각막/마스크 = ER_1/ER_3
3. 최종 사이즈: CD
4. 사이즈 변화량: ΔCD = 마스크 사이즈(CD_{mask})-최종 사이즈(CD)
5. 식각형상: Taper 각(θ)

그림 1-7 건식식각에 있어서 평가요소

하면 처리량(Throughput)과 직접적 관련이 있기 때문에 가능한 한 빠르게 처리될 수 있도록 조건을 설정할 필요가 있다. 모재(Base material)의 식각속도(ER_2) 및 마스크의 식각속도(ER_3)는 막의 식각 량으로부터 산출한다.

피식각막(식각하고자 하는 물질의 막)과 모재막(Film of Base material)의 식각 속도(ER_1/ER_2) 및 피식각막과 마스크의 식각 속도(ER_1/ER_3)는 각각 모재 선택비, 마스크 선택비라고 부른다.

이것은 피식각막을 식각할 때, 모재막과 마스크를 얼마만큼 식각을 할 것인지의 지표가 되는 요소가 된다. 건식식각에서는 통상 피식각막의 식각이 바로 종료된(Just Etch) 단계에서 진행 중인 식각을 멈추지 않고 반드시 여유 식각(Over Etch)을 실시한다. 이는 식각의 균일성과 모재의 단차의 영향 등으로 피식각막의 식각이 바로 종료(Just Etch)된 시점에서는 부분적으로 피식각막이 남아 있을 수 있기 때문에 잔류물을 충분히 제거하기 위하여 여유시각을 행하는 것이다. 선택비가 높다라고 하는 것은 여유식각(Over Etch)시의 모재막이 제거(식각)되는 양이 적다는 것을 의미하며, 디바이스의 미세화가 진전됨에 따라 더욱 고선택비 식각이 요구되고 있다.

예를 들어 게이트 가공의 경우, 미세화가 진행됨에 따라 모재막인 게이트 산화막의 박막화가 요구되기 때문에 선택비가 높지 않으면 패턴 형성을 위한 식각 도중에 게이트 산화막이 쉽게 파괴되어, LSI의 성능 저하에 원인이 된다. 그렇기 때문에 모재인 게이트 산화막에 대한 높은 선택비가 요구 되었다.

마스크 선택비에 대하여서도 동일하게 적용이 가능하다. 미세화가 진행됨에 따라 리소그라피의 해상도 향상을 위하여 레지스트의 막 두께 또한 박막화 되었다. 그로 인하여, 식각 도중에 레지스트가 소실(식각되어 없어지는 것) 되지 않도록 레지스트에 대한 높은 선택비가 요구되고 있다.

식각을 마친 후의 최종 패턴 형상을 *CD*(Critical Dimension)라고 부른다. *CD*는 미세가공 기술의 가장 중요한 요소 중에 하나이다. 일례로, 게이트 가공에서 *CD*는 트렌지스터 특성에 직접적인 영향을 미친다. 다시 말해 *CD*가 MOS(Metal Oxide Semiconductor) 트렌지스터의 문턱전압 V_{th}(Threshold Voltage)을 결정한다.

CD가 웨이퍼 내에서 불균일하게 되면, V_{th}가 불균일하게 되어 디바이스의 성능저하의 원인이 된다. 그러므로 더욱 균일성이 좋은 식각이 요구되고 있다. 그리고, MOS 트렌지스터에 대하여서는 다음 절에서 설명하기로 한다.

마스크 패턴(CD_{mask})으로부터 이동(Shift)된 양을 패턴 시프트 양(ΔCD, Skew CD)이라고 부르며, $\Delta CD = CD_{mask} - CD$로 정의된다. 미세화의 관점으로부터는 마스크에 충실하게 식각을 행하는 것이 필요하여, ΔCD는 최대한 제로에 가깝게 될 수 있도록 조건 설정을 할 필요가 있다.

마지막으로 식각형상에 대하여 언급한다. 패턴 형상각(Taper 각) θ는 90도, 다시 말해 수직형태가 이상적이다. 하지만, θ가 90도 이상으로 역 패턴 형상은 피할 필요가 있다. 왜냐하면 이온이 패턴으로 진입 시, 그림자가 되는 부분이 발생하여 트랜지스터 특성에 악영향을 끼칠 수 있기 때문이다. 그러므로, 역 패턴 형상이 되지 않도록 식각 조건을 설정 할 필요가 있다.

1.3 LSI 고집적화에 건식식각 기술이 미친 영향

LSI 제조공정에 있어서 어느 부분에서 건식식각이 사용되고 있는지를 DRAM(Dynamic Random Access Memory)을 예를 들어 설명한다. **그림 1-8**은 전형적인 DRAM 메모리 셀의 단면도를 나타내고 있다. DRAM 메모리 셀은 1개의 MOS 트랜지스터와 1개의 캐패시터로 구성된다. 그림 1-8 우편에는 DRAM 회로도를 나타내었다. MOS 트랜지스터를 통하여 캐패시터에 전하를 축적하고, 캐패시터 내의 전하 유무로

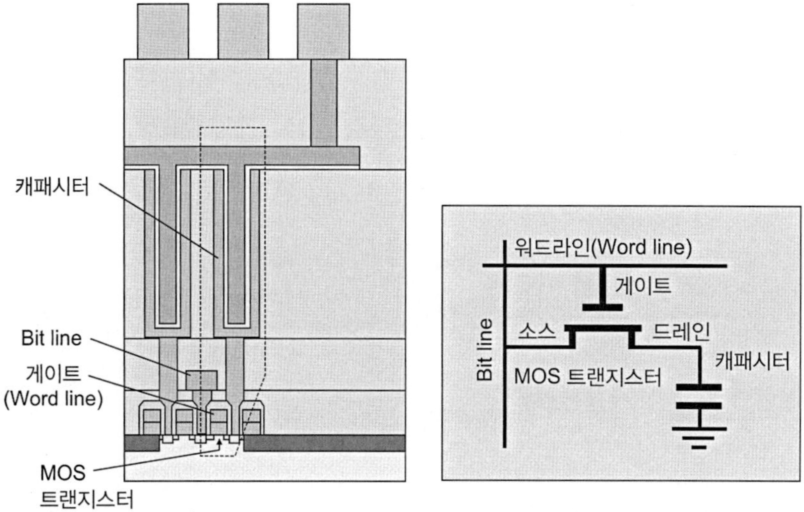

DRAM 메모리 셀의 단면도 DRAM 메모리 셀의 회로도

그림 1-8 DRAM 메모리 셀의 구조

'0', '1'을 식별한다.

그림 1-9에는 DRAM의 제조공정 흐름도를 나타내었다.

(1) 먼저 Si 기판을 준비한다.

(2) STI(Shallow Trench Isolation) 식각을 행한다. 그림에서는 레지스트 마스크의 형성 및 STI 식각 후의 레지스트 제거 공정은 생략되어 있다. 이하의 설명에 있어서도 레지스트 마스크의 형성 및 식각 후의 레지스트 제거 공정은 모두 생략되었다.

(3) 다음으로 형성된 트렌치 내에 절연막을 채우고, CMP(Chemical Mechanical Polishing)로 평탄화를 한다. 이렇게 함으로 소자간을 분리하는 차단영역(Isolation)이 형성된다. 계속하여 게이트 산화막을 형성한다.

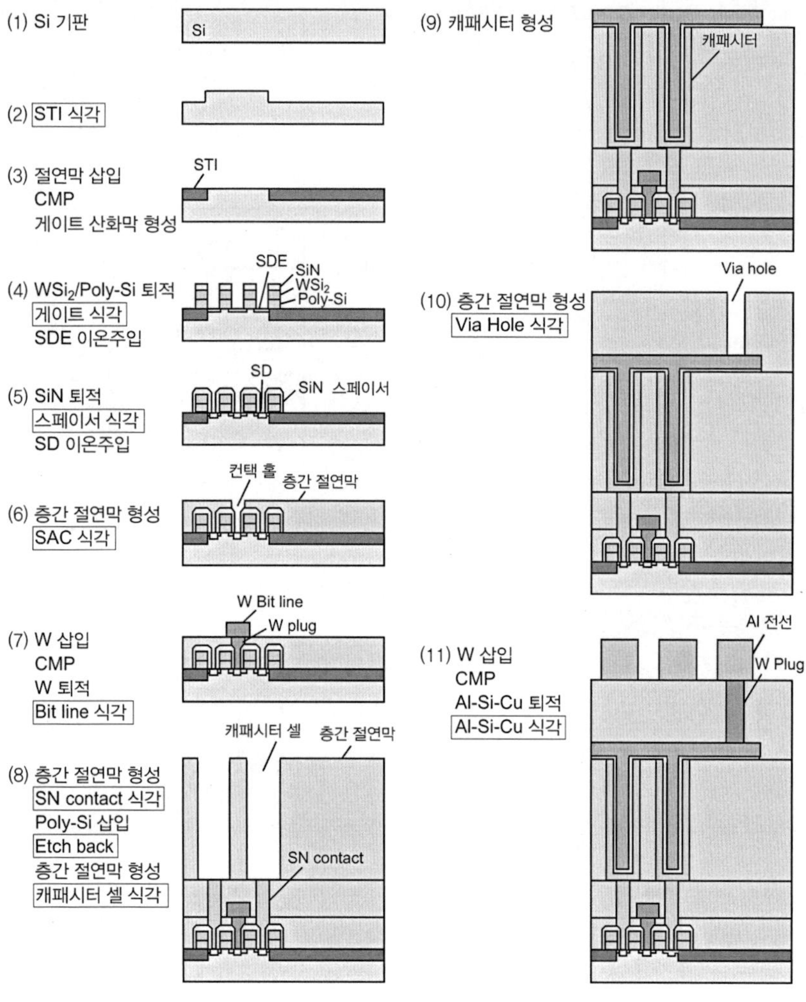

그림 1-9 DRAM의 제조공정 흐름도

(4) 게이트 산화막 위에 Poly-Si, WSi_2, SiN을 적층하고, 게이트 식각을 실시함으로 SiN/WSi_2/Poly-Si 구조의 게이트가 형성된다. 다음으로 SDE(Source Drain Extension) 이온 주입을 실시한다.

(5) 게이트 위에 SiN를 성막하고, 계속하여 건식식각을 행하면 게이트의 측벽부는 수직방향에서 바라본 SiN의 막두께가 두껍기 때문에 SiN가 식각이 되지 않고 측벽에 남아서 스페이서가 형성이 된다. 이것을 스페이서 식각이라고 한다. 다음으로 SD(Source Drain) 이온 주입을 행하므로 소스-드레인 영역을 형성한다. 여기까지 실행하면 MOS 트랜지스터의 형성이 끝난다. MOS는 Metal(금속: 게이트 재료. 여기서는 WSi_2/Poly-Si), Oxide(산화막: 게이트 산화막), Semiconductor(반도체: Si 기판)의 약어이다. MOS 트랜지스터에서는 게이트에 인가하는 전압에 의하여 소스-드레인 간에 흐르는 전류를 제어한다. 본서에서 언급되는 "트랜지스터"는 모두 "MOS 트랜지스터"로 표현한다.

(6) 층간 절연막을 형성시킨 후, 기판 Si과 컨택 홀(Contact Hole)을 형성하기 위하여 SAC(Self-Aligned Contact) 식각을 행한다. 이것은 컨택 홀을 개구(開口)할 때, 식각의 정지막(Stopper)이 되는 Si3N4막으로 게이트를 덮어서 보호하므로, 식각의 정렬이 틀어진다고 하여도 컨택 홀과 게이트간의 단락이 일어나지 않도록 하는 기술이다. 3장에서 상세하게 설명한다.

(7) 이 컨택 홀 내에 W(텅스텐)을 채우고, CMP(Chemical Mechanical Polishing)로 평탄화를 실시한다. 이것을 텅스텐 플러그(W Plug)라고 부른다. 이 위에 텅스텐을 축적하고, 라인 패턴으로 식각을 하므로 비트라인(Bit Line)을 형성한다.

(8) 층간 절연막을 형성시키고, SN(Storage Node) contact 식각을 행

한다. 여기에서도, SAC 식각공정을 실시한다. 그런 다음, SN contact의 내부에 Poly-Si을 채우고, Etch back을 실시함으로 평탄화를 한다. 다음으로 두꺼운 층간 절연막을 형성(퇴적)시키고, 셀 식각을 행한다. 이 셀 식각은 캐피시터를 형성하기 위한 홀(Hole) 식각을 의미하는데, 종횡비(Aspect Ratio, 깊이/Hole 직경)가 상당히 크기 때문에 난이도가 높다. 고 종횡비(High Aspect Ratio) 홀의 식각에 대하여서는 6장에서 상세히 언급한다.

(9) 이 셀의 내부에 캐피시터 하부전극(일반적으로 Poly-Si 등), 캐피시터 절연막, 캐피시터 상부전극(일반적으로 TiN 등)을 채우므로 캐피시터를 형성시킨다.

(10) 층간 절연막을 형성시킨 후, 캐피시터와 배선을 연결시키기 위한 Via hole 식각을 행한다.

(11) Via hole 내부는 텅스텐(W)으로 채우고, CMP로 평탄화를 한다. 다음으로 배선이 되는 Al−Si−Cu를 형성시키고, 패턴 식각을 행하므로 배선을 형성한다. 이렇게 함으로 DRAM의 메모리 셀을 완성시킨다.

이상으로 정리한 것처럼, LSI는 박막의 퇴적 성막(Deposition)과 건식식각(Etching)의 반복으로 만들어 진다. 따라서 식각의 가공 정밀도는 LSI의 특성과 성능을 크게 좌우한다.

그림 1−9에서는 DRAM의 제조공정을 간략하게 설명하였으나, LSI의 고집적화에 건식식각이 미치는 영향이 얼마나 중요한가를 표현하였다고 생각한다. 뿐만 아니라, 이 공정 흐름도를 통하여 만들어진 각각의 건식식각 공정에 관하여서는 3장에서 상세하게 설명할 예정이다.

[참고문헌]

1) 岡崎信次, 鈴木章義, 上野巧:「はじめての半導体リソグラフィ技術」, 技術評論社 (2011).
2) S. Ramalingam, Q. Zhong, Y. Yamaguchi & C. Lee: Proc. Symp. Dry Process, p.139 (2004).

2장

건식식각(Dry Etching)의 메커니즘

현재, 건식식각의 공정(Process)을 구성하는 주된 원리가 확립되어 있는 것은 아니다. 하지만, 반응과정을 고찰하는 것으로부터 식각공정을 확립할 수 있는 지침을 얻을 수가 있다. 그러기 위해서는 건식식각의 메커니즘을 이해하고 있는 것이 필요하다. 본 장에서는 플라즈마의 기초부터 시작하여 수식 및 어려운 이론을 사용하지 않고, 건식식각의 반응과정 및 이방성 식각의 메커니즘을 초심자도 쉽게 이해할 수 있도록 설명하였다.

먼저, 플라즈마의 기초에서는 플라즈마란 무엇인가라는 기본적인 것부터 시작하여 플라즈마의 물리량(이온밀도, 전자온도 T_e, 전자에너지 분포 계수 EEDF, 플라즈마 전위 V_p, 들뜬 전위 V_f 등과 같은 물리적량을 의미) 및 플라즈마 중의 충돌반응 과정 등 건식식각의 메커니즘을 이해하는 것과 더불어 필요한 사항을 간략히 설명하였다.

다음으로 이방성(Anisotropic) 식각을 실시한 후, 중요한 역할을 하는 이온의 거동에 대하여 고찰하였다. 여기서는 이온시스(Ion Sheath)의 두께 및 평균 자유행정의 구체적인 수치를 나타내고, 시스 내에서 이온의 산란 현상을 이해할 수 있도록 정리하였다.

마지막으로 건식식각의 반응과정, 이방성 식각의 메커니즘, 식각 속도 및 선택비를 지배하는 요소(Parameter)에 대하여 설명하고, 식각 Gas의 선정 및 압력 설정 등 공정을 정립할 수 있도록 하였다.

2.1 플라즈마 기초

2.1.1 플라즈마란

먼저 플라즈마에 대하여 간단히 설명한다. 플라즈마란 "전리상(電離狀) 기체"를 의미하며, 자유로이 운동하는 전자와 이온이 거의 동일한 수로 존재하고, 거시적으로는 전기적으로 중성인 상태를 의미한다. 전자밀도(n_e)와 이온밀도(n_i)는 거의 동등하며, 이를 플라즈마 밀도라고 부른다. 플라즈마 중에서도 전자는 자유로이 활동하며 돌아다니기 때문에 플라즈마는 전도체의 성질을 가진다.

식각 챔버(Etching Chamber)의 한쪽 전극에 RF 전원을 인가하면, RF

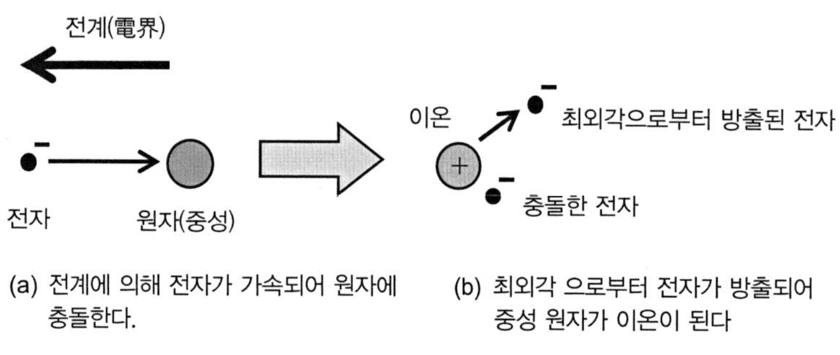

그림 2-1 전자와 원자의 충돌에 의한 이온의 생성

전원에 의하며 형성된 전계(電界)에 의하여 전자는 가속되어 운동에너지를 얻으므로 원자나 분자와 충돌한다(**그림 2-1**(a)). 전자의 운동에너지가 전리에너지(전리전압 또는 속박전위) 이상이 될 때, 원자나 분자의 최외각에 위치하는 전자가 방출되어 중성이었던 원자나 분자는 양의 전하를 가지게 된다. 이것을 이온이라고 한다(그림 2-1(b)). 반면, 전자의 수는 충돌한 전자에 원자나 분자로부터 방출된 전자가 더하여져 총 2개가 된다. 이 전자들은 전계에서 가속되어 다른 원자나 분자와 충돌하여 새로운 이온 및 전자를 생성한다. 이렇게 하여 이온 및 전자의 수가 눈덩이처럼 증가하고, 어느 한계치를 넘어서면 방전이 일어나 플라즈마가 형성된다. 이러한 메커니즘을 정리하여 **그림 2-2**에 나타내었다.

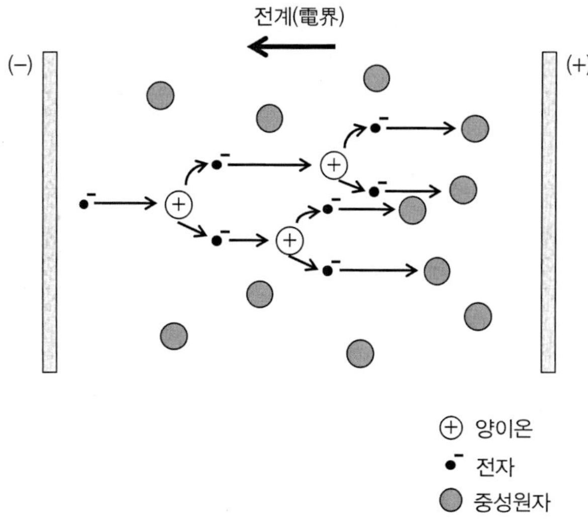

그림 2-2 기체방전의 원리

플라즈마는 크게 100% 전자 및 이온으로 분리된 완전전리 플라즈마와 이온화율이 낮고 이온, 전자 및 중성인 원자나 분자가 혼재하는 약전리 플라즈마로 분류된다. 건식식각에서는 글로우 방전(Glow Discharge)이 사용되고 있다. 글로우 방전에 의한 플라즈마는 약전리 플라즈마의 범주에 속하고, 정부(正負, 양과 음)가 동일한 개수인 이온과 전자 및 전기적으로 중성인 원자나 분자로 구성되어 있다.

그림 2-3은 글로우 방전 플라즈마의 모델도를 나타낸다. 글로우방전 플라즈마의 약전리도(이온화율)는 10^{-6}~10^{-4} 정도이다. 다시 말하면, 많아도 10,000개 중에 1개의 비중으로 전리되어 있다는 것이다. 대부분이 중성입자이며 중성입자 10,000개에 대하여 이온 및 전자가 각각 1개

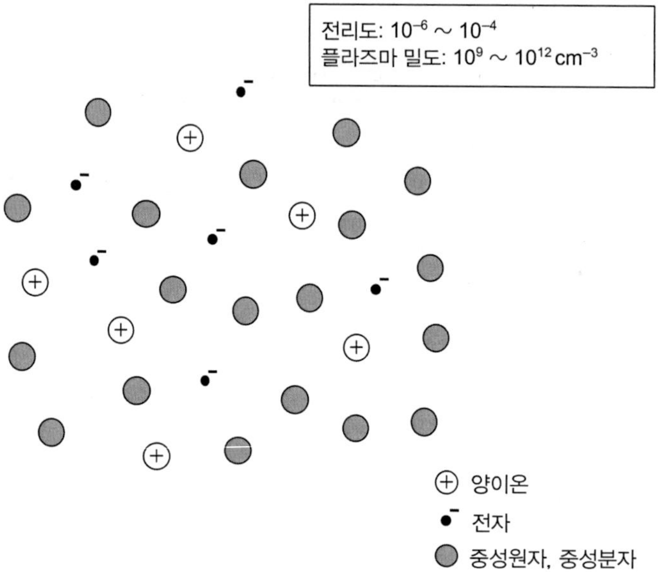

그림 2-3 글로우 방전 플라즈마(약전리 플라즈마)의 모델도

씩 존재하고 있다는 것을 의미한다. 이것이 약전리 플라즈마로 불리우는 이유이다.

압력이 13.3 Pa(100 mTorr)일 때의 가스 분자 수는 3.5×10^{15} cm^{-3} 이기 때문에, 전리도가 10^{-4}일 때의 플라즈마 밀도는 3.5×10^{11} cm^{-3}이 된다. 글로우 방전 플라즈마의 플라즈마 밀도는 약 $10^9 \sim 10^{12}$ cm^{-3}의 범위로 존재한다. 형광등이 글로우 방전 플라즈마의 가까운 예이다.

2.1.2 플라즈마의 물리량

강전리(强電離, 강 이온화) 플라즈마인 아크방전 플라즈마와 약전리(약 이온화) 플라즈마인 글로우 방전 플라즈마의 전형적인 물리량 값을 **표 2-1**에 나타내었다.[1),2)] 글로우 방전 플라즈마의 특징은 전자온도 T_e와 가스온도 T_g 간에는 열 평형이 존재하지 않는다는 것이다. 전자온도란 전자가 가지고 있는 에너지로서 운동 에너지 $\frac{1}{2}m_e {v_e}^2$ 사이에는,

$$\frac{1}{2}m_e v_e^2 = \frac{3}{2}kT_e \tag{2.1}$$

의 관계가 있다. 여기서, m_e: 전자의 질량, v_e: 전자의 속도, k: 볼츠만

표 2-1 플라즈마의 종류 및 물리량[1),2)]

플라즈마 종류	발생법	플라즈마 밀도 (cm^{-3})	전자온도 T_e(K)	이온 온도 T_i(K)	가스온도 T_g(K)
강전리 플라즈마 (고온 플라즈마)	아크 방전	$> 10^{14}$	6,000	6,000	6,000
약전리 플라즈마 (저온 플라즈마)	글로우 방전	$10^9 \sim 10^{12}$	$\sim 10^4$	300～1,000	300

2 건식식각의 메커니즘

상수이다. 전자는 상당히 가볍기 때문에 전계에 의해 가속되어 큰 운동 에너지를 얻는다. 글로우 방전 플라즈마에 있어서 평균전자 에너지는 수 eV이다. 전자 에너지를 2 eV라고 하면, 식 (2.1)로부터 전자온도 T_e는 23,200 K으로 계산된다.

한편, 중성의 원자나 분자 온도, 다시 말해 가스온도 T_g는 거의 실온(293 K)이다. 그러므로, $T_e/T_g \approx 80$이 되고, 전자온도 T_e와 가스온도 T_g 간에는 열 평형이 성립되지 않는다.

이는 전자가 10^4 K 이상의 고온에 상당하는 에너지를 가짐에도 불구하고 챔버나 기판이 저온으로 유지되고 있는 것은 전자의 질량이 작기 때문이다. 이와 같은 이유로 글로우 방전 플라즈마는 저온 플라즈마라고 불린다. 전자가 원자나 분자의 여기, 해리를 일으키기에 충분한 에너지를 가짐과 동시에 가스온도가 장치온도에 가깝기 때문에 저온에서 각종 반응을 일으키는 것이 가능하다. 글로우 방전이 반도체 공정에서 사용되는 이유가 이것이다.

아크방전은 강전리 플라즈마이며, 플라즈마 밀도는 10^{14} cm^{-3} 이상이다. 전자온도 T_e, 이온온도 T_i, 가스온도 T_g 사이에는 열평형이 성립되어져 $T_e = T_i = T_g \approx 6,000$ K이다. 그렇기 때문에 아크방전은 고온 플라즈마라고 불린다.

2.1.3 플라즈마의 충돌반응 과정

플라즈마 내에서 에너지를 얻은 전자는 원자나 분자와 충돌한다. 또, 이 충돌은 탄성충돌과 비탄성 충돌로 분류된다. **그림 2-4**에는 플라즈마 내에서의 충돌반응 과정을 정리하여 나타내었다.

탄성충돌에서는 운동 에너지만이 변화하고, 내부 에너지는 보존된다. 전자의 에너지가 낮을 때에는 이 충돌이 발생하기 쉽다. 그림 2-4의 예

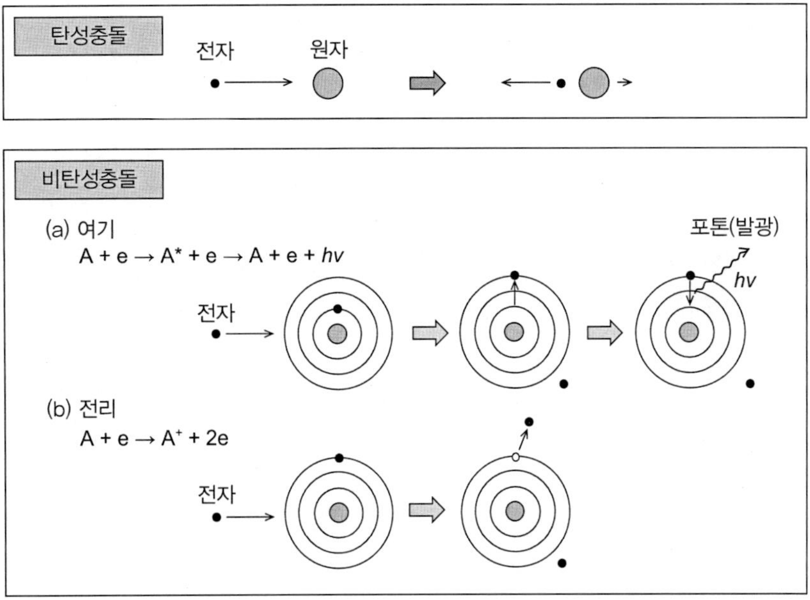

그림 2-4 플라즈마 내에서의 충돌반응 과정

에서 전자는 되돌아와 방향을 바꾼다. 전자의 에너지 일부는 원자의 운동 에너지에 옮겨 타기 때문에 원자는 약간의 속도를 얻는다. 전자가 충돌에 의하여 잃게 되는 에너지는 소량에 불과하다.

비탄성 충돌의 경우는 내부의 에너지도 변환되고, 여기, 전리, 해리, 전자흡착 등이 일어난다.

(a) **여기(勵起)**: 충돌전자가 원자내의 속박전자에게 에너지를 전가하여 더 높은 에너지 준위로 천이 되는 것을 의미한다. 일반적으로 여기상태는 불안정하기 때문에 여기된 전자는 이 상태에 10^{-8}초 정도 밖에 머무를 수 밖에 없어서 바로 기저 상태로 돌아가며, 이

때에 빛을 발한다. 플라즈마가 빛을 발하는 것은 이 원리에 의한 것이다. 여기의 반응과정은 아래와 같이 표현 할 수 있다.

$$A + e \rightarrow A^* + e \rightarrow A + e + h\nu$$

여기서, A는 중성 원자를 나타내고, A^*은 A가 여기상태에 있는 것을 나타낸다. *h*는 프랑크 상수, *ν*는 발산하는 빛의 진동수를 의미한다.

(b) **전리(電離)**: 앞에서 언급한 것처럼, 충돌전자의 에너지가 전리전압(속박전위) 보다 크면, 최외각에 있던 전자는 방출되고 중성입자는 양이온이 된다. 이때의 반응과정을 아래와 같이 표현할 수 있다.

$$A + e \rightarrow A^+ + 2e$$

(c) **해리(解離)**: 충돌전자에 의해 분자의 결합에너지 이상의 에너지가 가해지면 해리가 발생한다. 이때의 반응과정을 아래와 같이 표현할 수 있다.

$$AB + e \rightarrow A + B + e$$

분자가 해리할 때의 생성물은 원래의 분자보다 화학적으로 활성도가 증가하여 반응성이 활발한 입자가 된다. 이처럼 활성화된 상태가 된 입자를 라디칼이라고 부른다. 예로 CF_4는 한번의 여기상태를 거치면 간단하게 CF_3 라디칼($CF_3^{\bullet}$)과 F 라디칼($F^{\bullet}$)로 해리된다고 보고 되어 있다.[3] 반응과정은 아래와 같이 표현된다.

$$CF_4 \rightarrow CF_4^* \rightarrow CF_3^{\bullet} + F^{\bullet}$$

(d) **전자흡착**: 원자에게 충돌한 전자가 흡착되어 음의 이온이 된다. 이때의 반응과정은 아래와 같이 나타낼 수 있다.

$$A + e \rightarrow A^-$$

2.2 이온시스(Ion Sheath) 및 이온시스 내의 이온거동

2.2.1 이온시스와 V_{dc}

먼저, 건식식각의 메커니즘을 이해한 후에 상당히 중요한 요소인 V_{dc}에 대하여 설명한다. **그림 2-5**에 표현한 평행평판형의 건식식각 장치(RIE)에서는 서로 마주보는 전극 안에 기판이 놓여있는 전극측에는 RF 전원이 차단 캐패시터(Blocking Capacitor)를 통하여 연결되어 있고, 반대편 상부전극은 접지 전위로 되어있다. RF 전원의 주파수

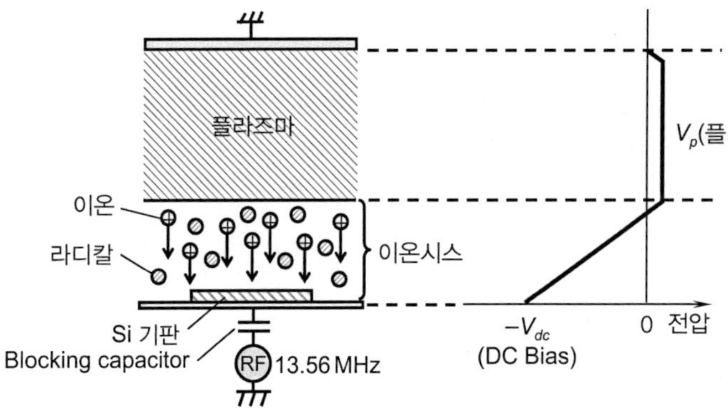

그림 2-5 이온시스와 V_{dc}

로는 13.56 MHz가 주로 사용된다. 다시 말해서 전계의 방향이 1초에 13.56×10^6번 변화한다는 것을 의미한다. 전자는 질량이 가볍기 때문에 이 전계의 변화에 쉽게 추종하여 움직이는 것이 가능하다. 한편, 이온의 질량은 전자에 비하여 100,000배 무겁기 때문에 RF의 진동에 추종하지 않고, 그 위치로부터 별로 움직이지 않는다. 따라서, 전계에 의하여 가속된 전자만이 전극으로 끌려 들어간다.

하부전극에는 차단 캐패시터가 있기 때문에 점차적으로 음의 전위로 바이어스 되어간다. 이렇게 하여 생성된 직류(DC) 바이어스를 자기 바이어스라고 부르며, V_{dc}로 표시한다. V_{dc}의 값은 RF 전원에 의존하지만 Si이나 Al 등의 전도성 재료의 식각에 있어서는 수 십~수 백 V 정도로 생각하는 것이 좋다.

그림 2-6은 정상상태에 있어서의 하부전극의 전압파형을 나타낸다. 전극전압은 각 사이클에 있어서 잠시 동안만 양(+)이 되고, 이때에 전극으로 전자전류가 흐른다. 반면 이온전류는 거의 연속적으로 흐른다.

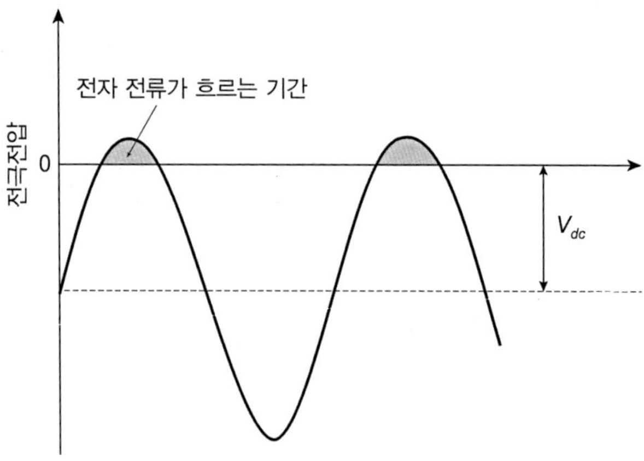

그림 2-6 RF방전에 의한 하부 전극의 전압파형

정상상태에서는 1 cycle 당의 유입 전하량의 합은 0으로 되어 있다.

전극이 음(−)으로 바이어스 되면 전자는 쫓겨나가고, 전극 근방에서는 전자가 존재하지 않는 상태가 된다. 이 영역을 이온시스라고 부른다. 시스(Sheath)란 영어로 "칼 집, 덮개"라고 한다. 다시 말해, 이온시스란 이온이 머무는 곳을 의미한다. 이 영역에서는 전자의 밀도가 낮기 때문에 충돌 여기의 확률이 작아서 발광은 거의 볼 수가 없다. 이 때문에 이온시스는 "어둠의 공간"이라고도 불리운다.

그림 2−5에는 식각장치 내에서의 전위분포를 나타내었다. 앞에서 언급한 것처럼 플라즈마는 전도체이며, 거시적으로는 플라즈마 내부는 등전위이기 때문에 이온은 플라즈마 내에서 무작위(Random) 방향으로 운동을 하고 있다. 플라즈마가 가진 전위를 플라즈마 전위(Plasma Potential) V_p라고 부르며, 여러 조건에 의하여 변화 하지만, 대체적으로 수십~50 V 정도로 여겨지고 있다.

반면 이온시스 내에서는 전극을 향하여 $-V_{dc}$의 전위 구배가 형성되어 있기 때문에, 플라즈마와 이온시스 경계부근에 도달한 이온은 이 V_{dc}로 인하여 기판을 향하여 가속된다. 이때 이온이 얻는 에너지는 $V_p + V_{dc}$가 된다. 주로 직진성을 가진 이온으로부터 식각이 진행되기 때문에, 마스크로부터 사이즈 변화가 적은 이방성 형상이 얻어진다. 이 메커니즘에 대하여서는 다음 절에서 상세히 논한다.

전극으로 유기(誘起)된 V_{dc}의 크기는 전극의 면적비에 의존한다. **그림 2−7**에 나타낸 것처럼 전극1, 전극2 각각의 면적을 S_1, S_2라고 하고, 각각의 전극으로 유기된 V_{dc}를 V_{dc1}, V_{dc2}라고 하면,

$$\frac{V_{dc1}}{V_{dc2}} = \left(\frac{S_2}{S_1}\right)^4 \qquad (2.2)$$

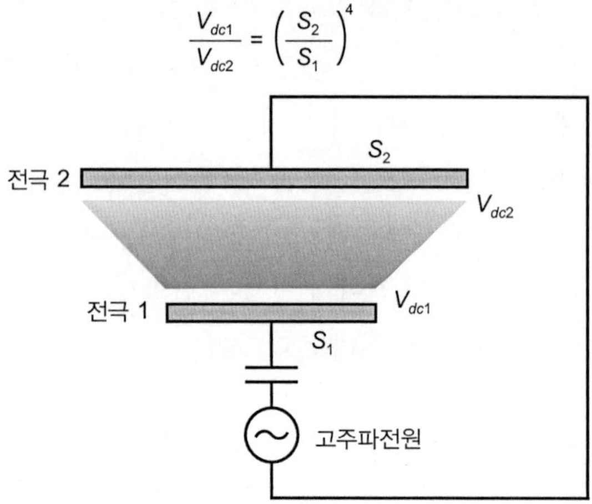

그림 2–7 전극 면적비와 V_{dc}의 관계

의 관계가 된다.[4] 다시 말해, 면적이 작은 전극 쪽에는 높은 V_{dc}가 유기된다.

RIE에서는 일반적으로 기판을 올려둔 전극(전극1)에 대하여 반대편 전극(전극2)의 면적을 크게 두어 기판을 향해 충분한 V_{dc}가 얻어질 수 있도록 한다. RIE에서는 **그림 2–8**에 나타낸 것처럼 챔버 벽이 전극2와 동일한 전위가 되도록 하는 것이 일반적이며, 구조적으로도 $S_2 > S_1$의 관계를 만드는 것이 쉽다. 이 경우, 챔버 벽에 유기되는 V_{dc}는 작아지기 때문에 벽면에서의 스퍼터가 낮게 억제되어 벽면으로부터 플라즈마 안으로의 중금속 등의 불순물 방출을 억제시킬 수 있는 장점도 있다.

2.2.2 이온시스 내의 이온산란

이 절에서는 이온시스 내에 있어서의 이온의 산란에 대하여 정량적으로 고찰해 보기로 한다.

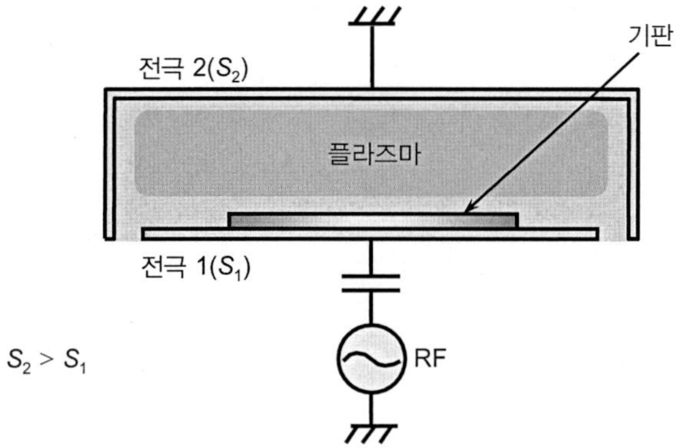

그림 2-8 RIE의 전극 면적

이온시스의 두께(d_{is})는 다음의 Child-Langmuir의 식으로 표현된다.[5)]

$$d_{is} = \frac{2}{3}\left(\frac{\varepsilon_0}{i_{i0}}\right)^{\frac{1}{2}}\left(\frac{2e}{m_i}\right)^{\frac{1}{4}}(V_p - V_{dc})^{\frac{3}{4}} \tag{2.3}$$

여기서, i_{i0}는 이온전류밀도, ε_0는 진공의 유전율, e는 전하량, m_i는 이온의 질량, V_p는 플라즈마 전위를 각각 나타낸다.

표 2-2는 고밀도 플라즈마에 있어서 이온시스 두께의 계산 예를 나타내었다.[6)]

4장에서 언급할 ICP(유도 결합형 플라즈마)나 ECR(전자 사이클로크론 공조) 플라즈마와 같은 고밀도 플라즈마 작동영역에서의 이온시스 두께는 거의 이 값을 나타낸다고 보아도 무방하다. 일례로 아르곤(Ar)의 경우는, 압력 1.33 Pa(10 mTorr), 이온전류 밀도 15 mA/cm^{2}일 때의 이온시스의 두께 d_{is}를 계산하여보면, 약 0.28 mm로 상당히 작다.

이온시스 내에서의 이온의 산란을 고려하여 볼 때, 또 다른 중요한 개

표 2-2 고밀도 플라즈마의 이온시스 두께(d_{is})의 계산 예[6)]

조건	
가스	Ar
압력	1.33 Pa
평균 자유행정(λ)	5 mm
$V_{dc}-V_p$	−100 V
이온 전류밀도	15 mA/cm²
계산 결과	
이온시스 두께(d_{is})	0.28 mm
d_{is}/λ	0.056
$\exp(-d_{is}/\lambda)$	0.95

념인 평균 자유행정(λ)에 대하여 간단하게 정리해 보았으면 한다. 평균 자유행정이란 입자가 충돌 하면서부터 다음 충돌까지 비행하는 거리의 평균 값을 의미한다. 다시 말하면, 입자가 충돌하지 않고 비행 가능한 거리로 바꾸어 말할 수 있다. 그러므로, 기체의 압력이 낮아지면 거기에 존재하는 분자의 수가 감소하게 되고, 평균 자유행정 거리는 크게 된다. 즉, 압력이 낮은 만큼 입자는 충돌하지 않고 멀리까지 비행이 가능하게 된다는 것이다. 평균 자유행정은 압력에 반비례 하게 된다. 아르곤(Ar)을 예로 들면, 표 2-2에 나타낸 것처럼 압력 1.33 Pa일 때의 평균 자유행정은 5 mm이지만, 압력이 1/10 이 되면 50 mm가 된다.

이온시스 내에서의 이온산란은 이온시스의 두께와 평균 자유행정의 크기에 의해 결정된다. 즉, 이온시스의 두께와 비교하여 평균 자유행정이 충분히 크면, 이온은 거의 산란되지 않고 기판(Wafer)까지 도달한다. 이러한 이온의 직진성이 다음 절에서 언급할 이방성 식각을 실현하기 위한 중요한 요소가 된다.

다음으로 이온시스 내에 있어서 이온의 산란을 ICP나 ECR과 같은 고밀도 플라즈마 식각장치와 고밀도 플라즈마 장치가 출현하기 전까지 사용되었던 Batch 방식의 RIE 장치와 비교해 보자. **그림 2-9**는 각 식각장치의 모식도를 나타낸다.

고밀도 플라즈마 식각장치의 이온 전류밀도는 Batch식 RIE 장치와 비교하여 1승 이상 크다. 이는 고밀도 플라즈마 식각장치에서는 빠른 식각 속도가 얻어짐과 동시에 이온시스 두께가 얇은 것을 의미한다.

ICP나 ECR 같은 고밀도 플라즈마의 경우, 시스 두께 d_{is}는 0.28 mm로 얇다. 반면 동작 압력이 1.33 Pa로 낮기 때문에 평균 자유행정은 λ

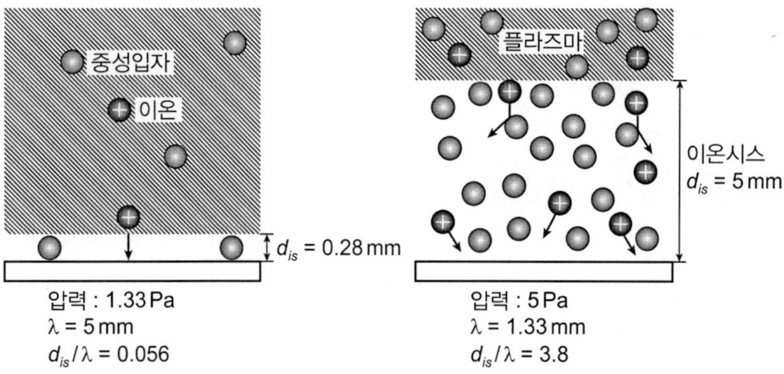

(a) ICP, ECR 등의 고밀도 플라즈마 식각장치

(b) Batch 식 RIE

그림 2-9 이온시스 내부에서의 이온의 움직임

는 5 mm로 길다. 즉, λ는 d_{is}와 비교하여 상당히 크기 때문에 ($d_{is}/\lambda = 0.056$) 대부분의 이온이 이온시스 내에서 중성입자와 충돌하는 일 없이 시료면(기판, Wafer)에 도달한다(그림 2−9(a)). 반대로, Batch 방식 RIE에서는 λ가 d_{is} 보다 작기 때문에 ($d_{is}/\lambda = 3.8$) 대부분의 모든 이온이 이온시스 내에서 중성입자와 충돌하므로 그 방향성이 흩어진다(그림 2−9(b)). 이상으로 고밀도 플라즈마 장치의 경우, 이온시스 내에서의 이온 산란은 거의 없으며 비스듬히 입사되는 이온이 상당히 적다라고 말할 수 있다.

그림 2−10은 이온의 방향성이 미세 가공에 미치는 영향을 모식적으로 나타내었다. 그림 2−10(a)에서 나타낸 것처럼 산란에 의해 경사(傾斜)입사 이온이 많으면, 미세 패턴으로 이온이 들어가기 어렵게 되어 식각 속도가 저하한다. 반면, 개구부가 큰 패턴의 경우는 이온이 충분하게 입사하기 때문에 식각 속도의 저하는 없다. 즉, 패턴 형태에 따른

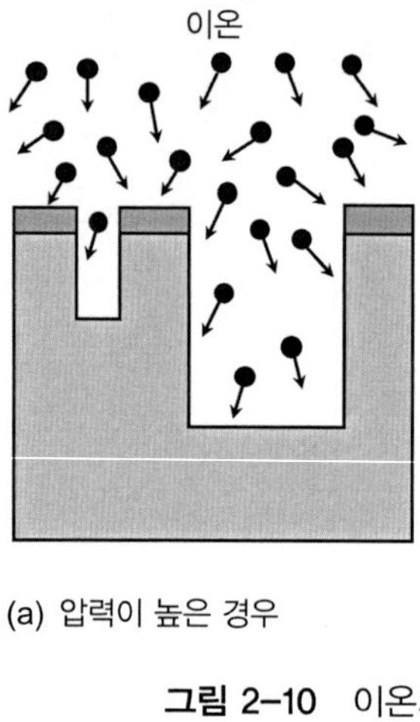

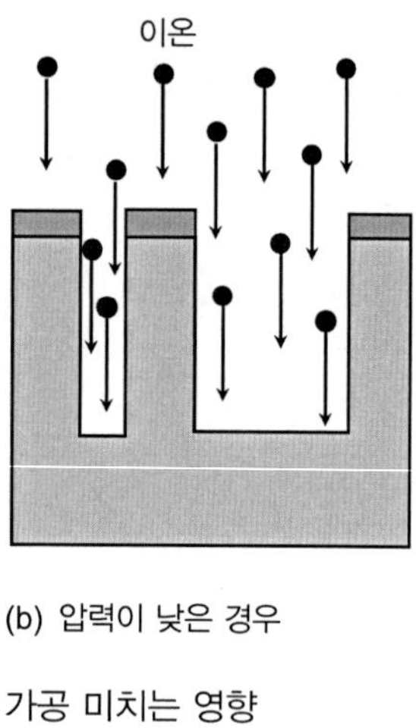

그림 2−10 이온의 방향성이 미세 가공 미치는 영향

식각 속도의 의존성이 나타나게 된다. 대책으로는 압력을 낮추고 산란에 의해 비스듬하게 입사되는 이온의 발생을 억제하는 것이 효과적이다. 그림 2-10(b)에서 나타낸 것처럼 이온의 방향이 수직으로 입사되면 미세한 패턴도 넓은 패턴도 동일한 식각 속도로 식각이 가능하게 된다. **그림 2-11**은 이 현상을 각종 식각 장치에서 조사한 결과를 나타낸 것이다.[6] 동작 압력이 270 Pa로 높은 식각장치의 경우, 컨택홀(Contact Hole)의 식각 속도는 직경 1.0 μm 이하에서 급격하게 저하하고, 직경 0.4 μm에서는 60%까지 저하한다. 이와 반대로 동작압력이 0.4 Pa로 낮은 ECR 플라즈마 식각장치의 경우, 직경 0.4 μm의 미세 홀(Hole)에서도 충분한 이온이 입사되기 때문에 식각 속도의 저하는 거의 없다.

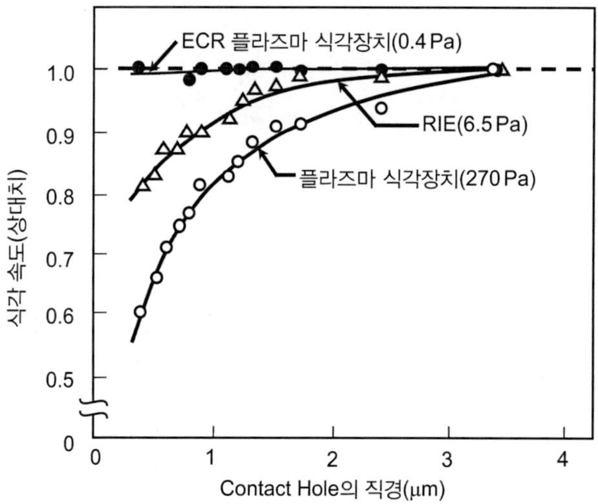

그림 2-11 Contact Hole 식각에 있어서 식각속도의 직경 의존성[6]

2.3 식각공정의 조직화 방법

2.3.1 건식식각의 반응과정

본 장에서는 처음에 언급한 것 같이 건식식각 공정을 조직화하는 지침을 얻으려면, 먼저 반응의 과정을 파악해 두어야 할 필요가 있다. 여기서는 그 기본이 되는 사고방식에 대하여 정리하였다.

건식식각은 다음과 같은 4가지 과정으로 진행된다. (1) 플라즈마 내

(1) 플라즈마 내에서의 반응종(중성 라디칼, 이온)의 생성(해리, 전리) (2) 반응종의 피식각막(식각 대상 물질의 막)으로의 운송 및 흡착 (3) 피식각막 표면에서의 반응 및 반응생성물의 형성 (4) 피식각막의 표면에서부터 반응생성물의 탈착(脫着)

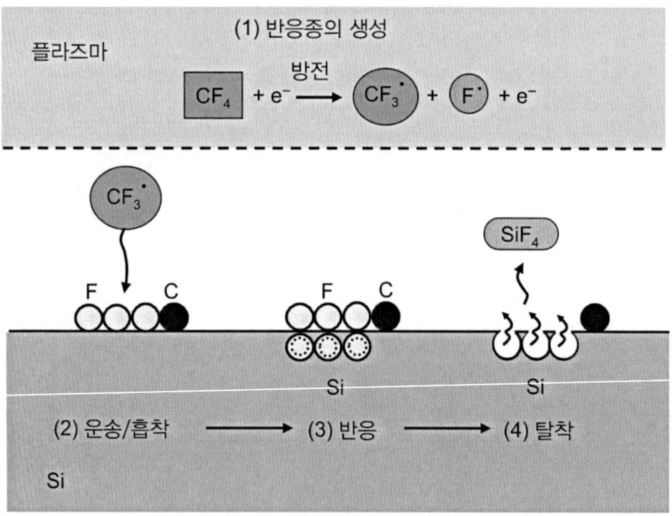

그림 2-12 건식식각에 의한 반응과정(CF_4에 의한 Si 식각의 예)[7)]

에서의 반응종(중성 라디칼, 이온)의 생성, (2) 반응종의 피식각막(식각 대상 물질의 막)으로의 운송 및 흡착, (3) 피식각막 표면에서의 반응 및 반응생성물의 형성, (4) 피식각막의 표면에서부터 반응생성물의 탈착(脫着) 순으로 이루어진다.

그림 2-12는 CF_4를 이용하여 Si을 식각할 때의 반응과정을 나타낸다. 먼저 플라즈마 안에서 CF_4는 CF_3 라디칼 ($CF_3^{\cdot}$)과 F 라디칼 ($F^{\cdot}$)로 해리(解離)된다. 다음으로 CF_3 라디칼이 Si 표면에 흡착되고 Si과 반응하여 반응 생성물인 SiF_4가 형성된다. 이 SiF_4가 Si 표면으로부터 탈착(脫着)하는 것으로 식각이 진행된다.

미세가공을 실현하기 위해서는 얼마나 마스크를 정교하게 가공하느냐가 중요하다. **그림 2-13**은 등방성 식각과 이방성 식각의 차이에 대하여 설명하고 있다. 라디칼에 의한 식각이 진행될 경우 라디칼은 열 운동, 즉 무질서하게 움직이기 때문에 식각은 2-13(a)에서 나타낸 것처럼 종방향 뿐만 아니라 횡방향으로도 진행된다. 이것을 등방성 식각이라고 한다. 이 경우는 마스크 아래 부분에서 하부식각(Under Cut)이 발

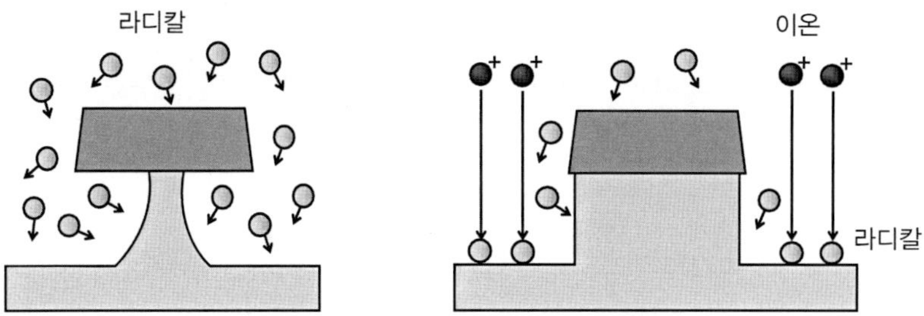

(a) 라디칼에 의한 등방성 식각　　(b) 이온 지원 반응에 의한 이방성 식각

그림 2-13 등방성 식각과 이방성 식각

생하여 미세가공을 행하는 것이 불가능하다. 하지만, 이와 반대로 그림 2-13(b)에서 보인 것처럼 수직방향으로 식각을 진행하게 되면, 마스크 형상을 따라 정교한 가공이 가능하게 된다. 이것을 이방성 식각이라고 부른다.

2.3.2 이방성 식각의 메커니즘

먼저, 이방성 식각을 실현하는 것에 대하여 생각해 보자. 이방성 식각을 실현하기 위해서는 표면에서의 반응이 수직방향만으로 진행될 수 있도록 해야 한다는 기본적인 생각을 가져야 한다. 이를 실현하기 위한 한가지 방법이 이온지원(Ion-assisted) 반응이다.

이온지원(Ion-assisted) 반응이란 입사된 이온이 표면반응을 촉진하는 현상을 의미한다. 이온지원 반응이 발생하는 계통에서는 이온 조사면(照射面)의 식각속도가 중성 라디칼에 의한 식각속도보다 현저히 크다. 이것은 앞 절에서 언급한 플라즈마 제어를 행하므로 이온의 방향을 아래로 향하게 하여 피식각면과 수직으로 이온을 입사시키면 이방성 식각이 가능하다.

그림 2-14에 이온지원 반응을 설명하는 실험결과를 나타내었다.[8] 그림에서 종축은 Si의 식각속도를 나타내고 있다. 이 실험에서는 먼저 XeF_2 가스를 단독으로 사용하여 Si을 식각하고 있다. 이 경우는 XeF_2로부터 해리된 F 라디칼에 의하여 Si이 식각은 되지만 그 식각속도는 5Å/min 정도로 작다. 하지만, 이 상태에서 450 eV의 Ar^+ 이온을 조사하면 식각속도는 10배 이상으로 증가한다. 다음으로 XeF_2의 공급을 중지하고, Ar^+ 이온만을 조사하는 경우, 즉 순수 이온에 의한 물리적인 스퍼터링의 경우는 식각속도가 급격하게 감소하여 그 속도는 3Å/min 이하

가 되었다. 이처럼 라디칼만에 의한 식각, 또는 물리적 스퍼터링에 의한 식각속도는 상당히 느리지만 흡착 라디칼에 물리적인 이온 충격이 추가되면 식각속도가 증대되는데 이를 이온지원(Ion-assisted) 식각 현상이라고 불리운다. 그 이유로서는 몇 가지 가설이 있는데, 그 중에서도 "이온의 충격이 있으면 그 부분이 국부적으로 상당한 고온이 되어 라디칼의 반응이 현저히 촉진되기 때문에 식각속도가 증대한다"라고 하는 핫스팟(Hot Spot) 모델이 가장 유력한 가설(假說)이다.[9)]

이처럼 이온지원 반응에 의한 식각속도는 라디칼에 의한 식각속도보다 지수 수준으로 크기 때문에 이온을 기판에 대하여 수직으로 입사시키면 종방향의 식각속도(이온지원 반응에 의한)가 횡방향의 식각속도(라디칼에 의한)보다 빠르게 되어 이방성 형상의 식각이 가능하게 된

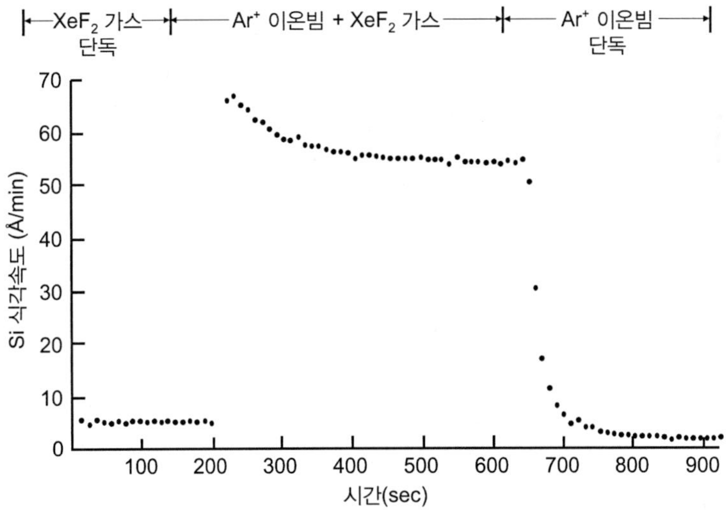

그림 2-14 이온 지원식각[8)]

다. 이것이 이온지원 반응에 의한 이방성 식각의 원리이다.

그림 2-15는 식각에 있어서의 각 성분의 이온 에너지 의존성을 나타내고 있다. 이온에 의한 물리적 스퍼터링은 에너지 의존성이 있어서 이온 에너지를 증가시키면 에너지의 증가와 함께 식각속도도 증가하지만, 그 절대값은 미약하다. 라디칼에 의한 화학적 식각은 에너지 의존성이 전혀 없이 항상 일정한 값을 가지고 식각속도도 낮다. 반면, 이온지원 식각은 이온 에너지 의존성이 상당히 강하고, 에너지의 증대와 함께 식각속도는 현저히 증대한다. 이 이온지원 식각에 의하여 이방성 식

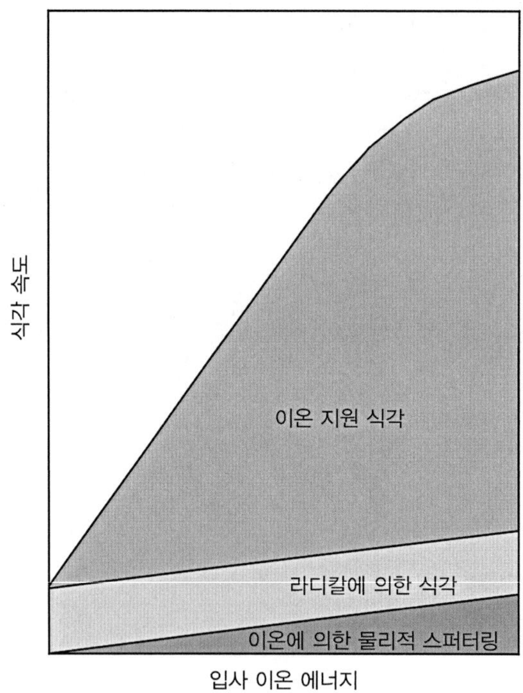

그림 2-15 식각의 각 성분 입사 이온 에너지 의존성

각의 실현이 가능하다.

이온지원(Ion-assisted) 식각의 효과는 피식각 재료와 식각 가스의 조합에 따라 달라진다. 즉, 피식각 재료와 식각 가스의 조합에 따라 이온지원 반응이 일어나는 경우와 일어나지 않는 경우가 있다. **그림 2-16**은 F^+, Cl^+, Br^+ 이온으로 Si을 식각하였을 때의 화학적 스퍼터링율[10]을, **그림 2-17**은 Cl^+ 이온으로 Al, C, B, Si을 식각하였을 때의 화학적 스퍼터링율[9]을 각각 나타낸 것이다. 여기에서 화학적 스퍼터링율은 이온 1개 당의 스퍼터링율로부터 물리적 스퍼터링율을 차감한 것으로 정의된다.[9] 그림 2-16을 보면 Cl^+, Br^+으로 Si을 식각한 경우는 화학적 스퍼터링율의 이온 에너지 의존성이 강하다. 즉, 이 조합의 경우에서는 이

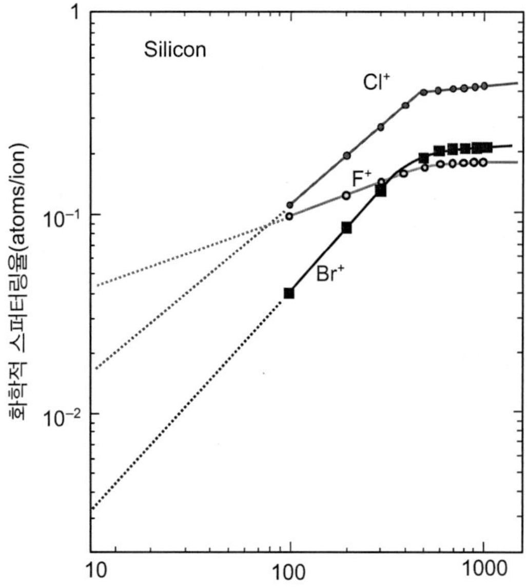

그림 2-16 Cl^+, Br^+, F^+ 이온에 의한 Si의 화학적 스퍼터링율의 이온에너지 의존성[10]

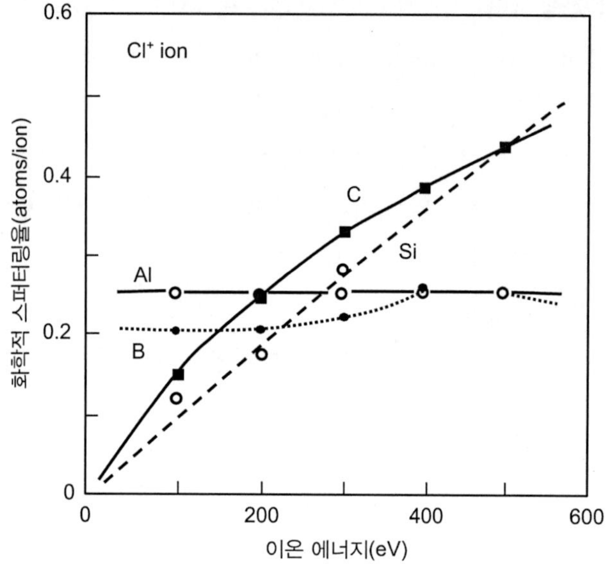

그림 2–17 Cl^+ 이온에 의한 Al, B, C 및 Si의 화학적 스퍼터링율의 이온에너지 의존성[9)]

온지원 반응이 일어나 이방성 식각이 가능한 것을 나타낸다. 반면, F^+ 이온으로 Si을 식각한 경우는 이온 에너지 의존성이 작아서 이온지원 반응의 효과가 적고, 이방성 식각이 발생하기 어려운 것을 나타내고 있다.

실제로 Cl_2나 HBr과 같은 식각 가스는 Cl^+나 Br^+ 이온을 해리 생성하기 때문에 Si의 이방성 식각(Anisotropic Etch)에 적합하므로, 주로 Poly–Si 게이트나 STI 식각을 위한 기본 가스로 사용되는 것은 이 때문이다. 반대로, SF_6나 CF_4와 같은 식각 가스는 F^+ 이온을 해리 생성하기 때문에 Si을 식각하는 경우, 등방성 식각(Isotropic Etch)이 발생하기 쉽다는 것을 알 수 있다.

다음으로 Al 식각을 고려해 보면, 그림 2–17에서 나타낸 것과 같이

Cl^+ 이온으로 Al을 식각하였을 경우, 화학적 스퍼터링율의 이온 에너지 의존성은 없다. 즉, 이 조합에서는 이온지원 반응이 전혀 일어나지 않으며, 식각은 등방성으로 진행된다는 것을 나타내고 있다.

이처럼 이온지원(Ion-assisted) 반응이 전혀 일어나지 않는 계열이나 이온지원 반응의 효과가 적은 계열에서 이방성 식각을 실현하기 위해서는 다음 절(節)에서 언급할 측벽보호 공정을 사용한다.

2.3.3 측벽보호 공정

측벽보호 공정은 피식각면의 측벽을 폴리머 등의 보호막으로 보호하고, 이 보호막에 의해 라디칼의 침투를 방지하며 식각을 행하는 공정을 말한다. 보호막은 플라즈마 중에서 SiO_2 등의 무기물 또는 유기 폴리머를 생성하는 것으로부터 형성한다. **그림 2-18**에는 측벽보호 공정의 모델을 그림으로 나타낸다.[11] 여기에서는 보호막이 유기 폴리머의 경우를 예로 들어 설명한다. 식각 가스에 폴리머 형성용 가스를 첨가한 가스계에서 식각을 행하면 폴리머 형성용 가스로부터 해리 생성한 CF, CF_2 등의 모노머가 피식각면에 흡착하여 폴리머를 형성한다. 그렇기 때문에 피식각면 전체가 폴리머로 덮여있다(그림 2-18(a)). 이온은 기판(Wafer)에 대하여 수직으로 입사하기 때문에 평면부에서는 이 이온에 의한 폴리머가 제거되어 노출된 피식각재(被蝕刻材)와 이온, 라디칼의 반응에 의해 식각이 진행된다. 하지만, 이온이 거의 입사하지 않는 패턴의 측벽에서는 폴리머가 제거되지 않고 그대로 있기 때문에 측벽은 폴리머로 보호된다. 이 폴리머에 의하여 측벽으로의 라디칼의 진입이 저지되기 때문에 이방성(異方性) 식각이 실현된다(그림 2-18(b)). 이것이 측벽보호 공정의 원리이다. 그리고, 그림 2-18에서는 반응을 (a)와 (b)로 나누어서 설명을 하였지만, 실제의 식각에서는 (a)와 (b)의 반응

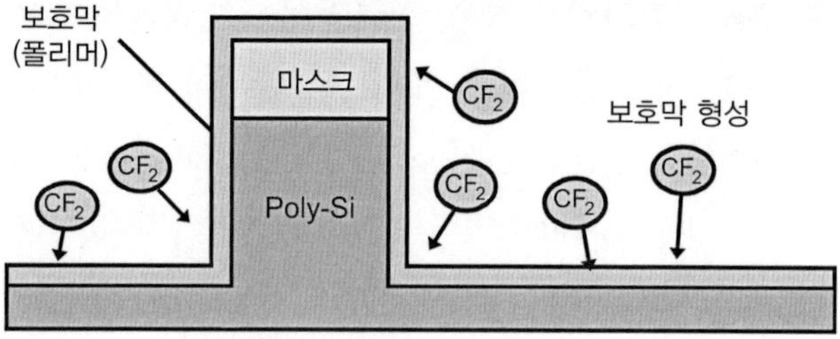

(a) 보호막 형성

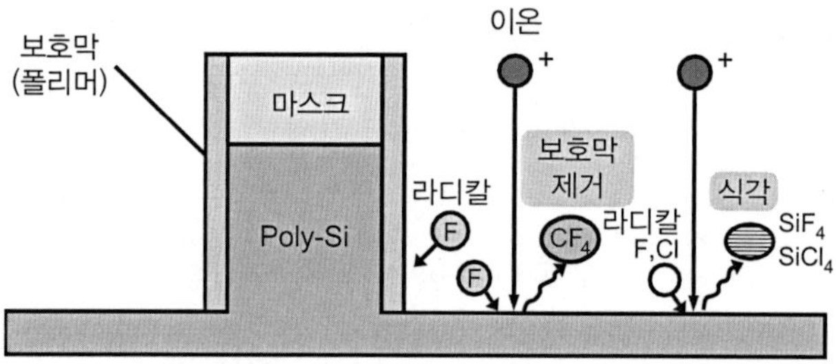

(b) 식각

그림 2-18 측벽보호 공정의 모델도[11)]

이 동시에 일어나고 있다.

폴리머 형성의 기본의 되는 모노머는 식각 가스 자체에서부터 해리 생성되는 경우도 있다. 또, 레지스트가 식각되는 것으로부터도 생성된다. Al을 Cl계 가스로 식각을 행하는 경우 이온 어시스트 반응이 일어나지 않기 때문에 이론적으로는 등방성(等方性) 식각이 일어나는 것이 당연하지만, 실제로는 이방성 식각이 일어나고 있다. 이것은 포토 레지스트가 식각이 되면서 C, H가 공급이 되어 이것으로부터 측벽 보호막이 형성되기 때문이다.

SF_6와 같은 불소계 가스로 Si을 식각하는 경우도 이온 어시스트 반응

의 효과가 적은 것은 앞에서 언급한 이유 때문이다. 이 경우 가스 중에 O_2를 첨가하면 SiO_2가 생성되어, 이것이 측벽 보호막이 되어 이방성 식각 효과를 얻을 수 있게 된다.

2.3.4 식각속도

식각속도는 2.3.1에서 설명한 건식식각 반응과정 중의 (1)에서부터 (4)까지 모든 과정이 관계하여 영향을 받지만, 가스의 선정이라는 관점에서 보면 (3)의 표면 반응과 (4)의 반응생성물의 탈착이 중요하다. 참고가 되는 것으로 하나는 앞에서 언급한 화학적 스퍼터링 율의 자료이고, 다른 하나는 반응 생성물의 증기압이다. **그림 2-19**는 증기압 곡선

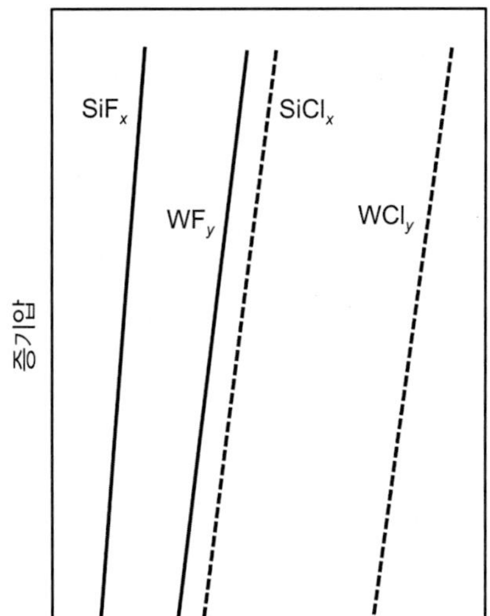

그림 2-19 증기압 곡선

을 모식적으로 나타낸 것이다. 그림에서 나타낸 것처럼 일반적으로는 불화물(F계)의 증기압은 염화물(Cl계)의 증기압 보다 크다.

증기압이 크다라고 하는 것은 반응 생성물이 보다 휘발하기 쉬운 것을 의미한다. 따라서 반응 생성물로서 불화물을 생성하는 가스계를 이용하면, 반응 생성물의 탈착이 쉽게 일어나고 식각속도를 빠르게 하는 것이 가능하다.

표 2-3에는 각종 할로겐화물의 녹는점(융점)과 끓는점(비점)의 자료를 나타내었다.[12] 이 자료로부터 Si이나 W은 불화물 쪽이 염화물 보다 증발하기 쉬운 것을 알 수 있다. 하지만 Al의 경우는 반대로 불화물 쪽이 염화물보다 증발이 어렵다는 것을 알 수 있다. 이 것은 Al은 Cl계에서만 식각이 가능하다는 것을 나타낸다. 오히려, Al의 불화물이 생성되면 파티클 발생의 원인이 되기 때문에 주의가 필요하다.

표 2-3 각종 할로겐화물의 용융점과 승화점[12]

화합물	용융점(℃)	승화점(℃)
SiF_4	−77(2기압)	−95(승화)
$SiCl_4$	−70	57.6
$SiBr_4$	5.2	153.4
WF_6	2.5	17.5
WCl_6	275	346.7
AlF_3	1290	−−
$AlCl_3$	190(2.5기압)	183(승화)
$AlBr_3$	97.5	255
CuF	908	1100(승화)
CuCl	452	1367
CuBr	504	1345

표 2-4 각종 화합물의 증기압이 1,333 Pa이 되는 온도[13)]

화합물	온도(℃)	화합물	온도(℃)	화합물	온도(℃)	화합물	온도(℃)
AgCl	1074	CdI_2	512	HgI_2	204.5	$SbCl_3$	85.2
AgI	983	CrO_2Cl_2	13.8	KBr	982	SbI_3	223.5
$AlBr_3$	118.0	Cu_2Br_2	718	KCl	968	$SiCl_4$	−34.7
$AlCl_3$	123.8	Cu_2Cl_2	702	KF	1039	$SiClF_3$	−127.0
AlF_3	132.4	Cu_2I_2	656	KI	887	$SiCl_2F_2$	−102.9
AlI_3	225.8	$FeCl_2$	700	LiBr	888	$SiCl_3F$	−68.3
As	437	$FeCl_3$	235.5	$MgCl_2$	930	SiF_4	−130.4
AsH_3	−124.7	$GeBr_4$	56.8	NaBr	952	$SnBr_4$	72.7
BBr_3	−10.1	$GeCl_4$	−15.0	NaF	1240	$SnCl_2$	391
BCl_3	−66.9	H_2S	−116.40	NaI	903	$SnCl_4$	10.0
BF_3	−141.3	H_2S_2	−19	$NiCl_2$	759	SnH_4	−118.5
$CdCl_2$	656	H_2Se	−100	PbI_2	571	SnI_4	175.8
CdF_2	1559	$HgBr_2$	179.8	PbF_2	904	$ZnCl_2$	508
		$HgCl_2$	180.2	$SbBr_3$	142.7	ZnF_2	1359

표 2-4에는 여러 가지 화합물의 증기압이 1,333 Pa(10 Torr)가 되는 온도를 정리하여 나타내었다.[13)] 여기에서 1,333 Pa을 선택한 이유는 일반적인 건식 식각이 이 압력 이하에서 이루어지는 것을 상정하였기 때문이다. 이 표로부터 각종 반응 생성물의 증발 정도를 예측 가능하고, 식각속도를 크게 하기 위한 지침을 얻는 것이 가능하다. 또한, 각종 재료의 식각에 있어서 증기압을 알고 싶을 때는 적당한 화학편람 등을 참고로 하면 용이할 듯 하다.[14)]

2.3.5 선택비

모재(母材)와의 선택비는 이온 에너지의 제어와 원자간의 결합 에너지[15]를 고려하면 좋다. 반응은 결합 에너지가 큰 쪽으로 진행하기 때문에 결합 에너지를 고려하여 가스의 종류를 선택하면 모재의 식각속도를 억제하는 것이 가능하고, 선택비를 높이는 것이 가능하다. 예를 들면 Poly-Si의 식각의 경우, 모재인 SiO_2와의 선택비를 올리기 위한 가스로서 Si과의 결합에너지가 Si-O의 결합 에너지보다 작은 Br이나 Cl계의 가스를 선택하면 SiO_2의 식각속도는 매우 늦게 되어 높은 선택비를 얻는 것이 가능하다.[16] 이와 관련하여 다음 3장의 Poly-Si 식각 항에서 상세하게 설명할 예정이다. 그리고, 식각속도의 이온 에너지 의존성이 SiO_2에서는 강하고, Poly-Si에서 약한 가스계에서는 이온 에너지를 낮추는 것도 유효한 방법이다. 불소계의 가스를 사용한 경우가 이에 해당된다.

2.3.6 결론

이상으로 언급한 것처럼 최적의 공정을 구성하기 위해서는 화학적 스퍼터링율의 이온 에너지 의존성, 반응 생성물의 증기압, 원자간 결합 에너지를 고려하여 반응가스를 선택하던지, 플라즈마와의 반응을 억제하여 공정을 조합하는 것이 좋다. 하지만, 현실적으로 단독 가스만으로는 이방성, 식각속도, 선택비 모두를 동시에 만족시키는 것은 어려운 일이다. 예를 들어 그림 2-16에서 알 수 있듯이 Cl계 가스는 Poly-Si의 이방성 가공에 적합하다. 하지만, 그림 2-19에서는 반응 생성물인 $SiCl_4$의 증기압은 불화물의 생성물과 비교하여 낮기 때문에 식각속도는 그다지 크지 않다는 것을 알 수 있다. F계 가스는 그것과 반대이다. 그래서, 실제의 공정을 구성하는 경우는 이러한 것을 고려하여 반응가스를 적당히 혼합하기도 하고, 가스 내에 폴리머를 형성하기 쉬운 가스를 혼합한 측벽보호 공정을 사용하는 경우가 많다.

[참고문헌]

1) 飯島徹穂, 近藤信一, 青山隆司:「はじめてのプラズマ技術」ビギナーズブックス7, 工業調査会 (1999).
2) 八田吉典:「機体放電」第2版, 近代科学社 (1971).
3) 津田穣:「半導体プロセス技術」菅野卓雄編著, 産業図書, p.23 (1980).
4) H. R. Koening & L. I. Maissel: IBM J. Res. & Dev. 14, p.168 (1970).
5) B. Chapman: Glow Discharge Process, Jhon Wiley & Sons (1980).
6) K. Nojiri & E. Iguchi: J. Vac. Sic & Technol. B **13**. 1451 (1995).
7) 堀池靖浩: 第19回半導体専門講習予稿集. p.193 (1981).
8) J. W. Coburn & H. F. Winters: J. Appl. Phys. **50**, 3189 (1979)
9) S. Tachi: Proc. Symp. Dry Process, p.8 (1983).
10) S. Tachi & S. Okudaira: J. Vac. Sci. Technol. B **4**, 459 (1986).
11) 野尻一男, 定岡征人, 東英明, 河村光一郎: 第36回春秋応用物理学会講演予稿集(第2分冊), P.571 (1989).
12) 理化学辞書第3版増補版:岩波書店 (1981)
13) 川本佳史:「サブミクロンリソグラフィ総合技術資料」サイエンスフォーラム, P.335 (1985).
14) 化学更覧基礎編: 日本化学会編, 丸善
15) Handbook of Chemistry & Physics 47th Edition: The Chemical Rubber Co. (1966).
16) M. Nakamura, K. Iizuka & H. Yano: Jpn. J. Appl. Phys. **28**. 2142 (1989).

3장

각종 재료의 식각

본 장에서는 실제 반도체 제조공정에서 사용되고 있는 재료의 식각에 대하여 설명한다. 반도체 공정에 있어서 식각은 크게 (1) Si계 식각, (2) 절연막계 식각, (3) 배선재료의 식각으로 분류된다. 개별 카테고리 중에서 근본 기술이 되는 게이트 식각, SiO_2 식각, Al 합금 적층 금속구조의 식각을 예로 들어 이것에 대하여 상세히 설명하였다. 특히, 간단한 각론에 머무르지 않고, 식각을 지배하는 요인과 그 제어법에 대하여 이해하기 쉽게 설명하였다. 이와 같은 식각에 대해 이해해 두면 다른 재료에 대해서도 응용이 가능하도록 구성하였다.

예를 들어, 게이트 식각의 경우 Poly-Si 게이트, WSi_2/Poly-Si 게이트, W/WN/Poly-Si 게이트에 대하여 언급하지만 이에 대하여 완전히 이해하면, STI나 W 배선 등의 식각에 대하여서도 동일한 방식으로 공정을 구축하는 것이 가능하게 된다. 또한, 가공 형상뿐만 아니라 기판(Wafer) 내부에서의 사이즈(size) 분포의 유의차를 얼마나 감소시킬 수 있느냐가 강하게 요구되어진다. 이와 관련해서도 기판면 내의 균일성을 지배하는 요소가 무엇인지 또는 그 제어법이 무엇인가라는 관점에서 설명한다.

SiO_2 식각 메커니즘은 Si계와는 다르며, 식각에 적합한 플라즈마 소스(Plasma Source)도 다르다. 그래서, 본 장에서는 식각 메커니즘과 식각을 지배하는 핵심요소에 대해서도 드러내어 설명하며 가스계의 구성법, 좁은 간격 평행평판형 식각장치가 사용되고 있는 이유 등도 이해 가능하도록 설명하였다.

Al 배선 식각에서는 제조공정에서 문제가 되는 Al 부식에 대해서 언급하고, 그 대책 방법도 설명한다. 또한, 배선에 관하여서는 현재의 Al 배선을 대체한 Cu 다마신 배선기술이 주류가 되고 있지만, 이것에 관하여서는 6장의 "새로운 식각 기술"에서 언급하기로 한다.

3.1 게이트(Gate) 식각

먼저, 게이트 식각에 대하여 설명한다. 게이트 식각의 공정흐름은 1장의 그림 1–5에서 이미 설명한 것과 같다. 게이트는 트랜지스터 특성을 결정하는 중요 부분이며, 특히 MOS 트랜지스터의 문턱전압(V_{th})은 게이트의 폭(CD, Critical Dimension)에 의존하기 때문에 식각의 최종 폭(*CD*) 제어는 상당히 중요하다. 게이트 식각에서는 *CD* 그 자체의 정밀도 뿐만 아니라, *CD*의 기판(Wafer)면 내의 오차분포를 최대한 낮게 억제하는 것도 강하게 요구된다. 식각형상은 당연히 수직형상이 요구되고, 미세화와 함께 더욱더 박막화되는 게이트 산화막에 대해서 높은 선택비가 요구된다. 게이트 재료로서 Logic Device에서는 Poly-Si이, 그리고 DRAM에서는 WSi_2/Poly-Si나 W/WN/Poly-Si의 적층구조가 사용되고 있다.

3.1.1 Poly-Si 게이트 식각

게이트 식각의 경우, 이전에는 플루오로 카본 가스, 즉 프론(Fron)계 가스가 널리 사용되었었다.[1] 하지만, 플루오로 카본을 사용한 경우는 가스 중의 카본이 SiO_2의 식각을 촉진하기 때문에 게이트 산화막에 대하여 고 선택비를 얻는 것이 곤란하였다. 또, 환경문제로부터 특정의 프론(F)계 가스가 사용되지 않게 되었다. 이와 같은 배경을 근거로 현재는 Cl계나 Br계의 가스가 일반적으로 되었다. 구체적으로는 Cl_2나 HBr을 기본으로 한 가스계이다. 2장의 2.3.2에서 언급한 것처럼 Cl계나 Br계의 가스는 이방성 형상을 얻기 쉽기 때문에 수직 가공형상을 얻는 데는 유리하다. 그리고, 아래에서 언급하겠지만 모재의 게이트 산화막에 대하여 높은 선택비를 얻는 것이 가능하다.

표 3-1에서는 원자간의 화학결합 에너지를 나타내었다.[2] 여기서, 식각 전의 결합 에너지(Si−O, Si−Si)는 결정의 값, 식각 후(C−O, Si−F, Si−Cl, Si−Br)는 2원자분자의 값을 나타내고 있다. 반응은 결합 에너지가 큰 쪽으로 진행하기 때문에 Si−Si의 결합 에너지가 Si−O의 결합 에너지 보다 작고, Cl이나 Br계에서는 SiO_2 식각속도가 상당히 느리게 되어 높은 선택비를 얻는 것이 가능하다. 하지만, 반응계에 카본이 존재하면 C−O > Si−O의 관계로부터 시료표면에서는 C−O의 강한 결합이

표 3-1 원자간의 화학 결합 에너지[2]

(kcal/mol)

C−O	257**	Si−F	132**
−Si−O−	111*	Si−Cl	96**
−Si−Si−	54*	Si−Br	88**

* … 결정 ** … 2원자 분자

가능하기 때문에 Si−O의 결합이 약하게 되고, Si−Cl 또는 Si−Br 결합이 형성되어 식각이 진행한다.[2] 즉, 선택비가 저하한다. 이것이 Cl_2나 HBr이 고 선택비를 얻기 쉽고, 플루오로 카본에서는 선택비가 낮은 이유이다.

이방성 형상이나 고선택비를 얻기 위해서는 Cl_2나 HBr에 O_2를 첨가하는 것도 효과가 있다. 이에 대하여서는 3.1.3의 WSi_2/Poly-Si 식각 부분에서 설명하기로 한다.

그림 3-1에는 Poly-Si 게이트 식각을 일례로 나타내었다.[3] TCP 식각 장치(상세한 장치의 설명은 4장에서 설명한다)를 이용하여 Cl_2나 HBr를 기본으로 한 가스계로 식각을 행하고 있다. CD가 30 nm의 미세한 Poly-Si 게이트가 수직으로 가공이 가능하다.

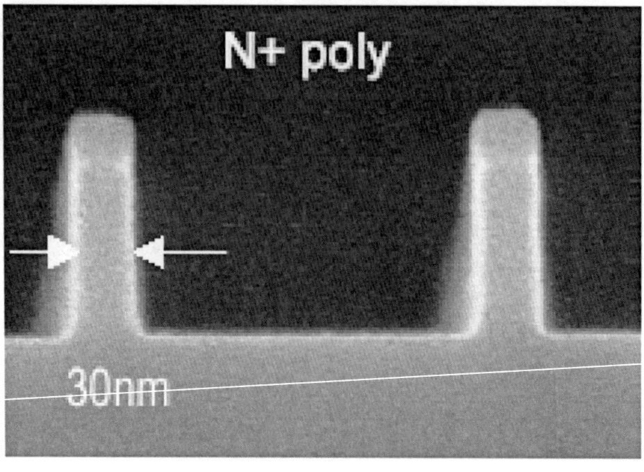

그림 3-1 Poly−Si 게이트 식각의 예[3]

3.1.2 CD(Critical Dimension)의 기판내 균일성 제어

*CD*의 기판(Wafer)내 균일성은 반응 생성물이 패턴으로의 재 부착되는 것에 강하게 영향을 받는다.[4] **그림 3-2**는 반응 생성물의 패턴으로의 재 부착이 *CD*에 미치는 영향을 모식적으로 나타낸 것이다. *CD*의 균일성을 지배하는 핵심요소는 2가지가 있다. 하나는 반응 생성물의 공간분포이다. 그림에서 나타낸 것처럼 Poly-Si을 Cl_2계 가스로 식각을 행하였을 때에 발생하는 반응생성물 $SiCl_4$의 농도가 기판 중앙 부분에서는 높고 주변 부분에서 낮은 경우, 기판 중앙 부분의 패턴에는 $SiCl_4$의 부착이 많고, 주변 부분에는 부착되는 양이 적다. 그 결과로 *CD*는 기판의 중심부에서는 크고 주변부에서는 작게 된다. 또 다른 하나의 요소는 기판의 온도분포이다. 그림에서 나타낸 것처럼 기판의 온도가 중앙 부분에서 낮고 주변 부분에서 높은 경우, $SiCl_4$의 부착 확률은 기판의 중앙 부분에서 크고, 주변 부분에서는 작게 된다. 그 결과로 인하여 *CD*는 기판의 중심부에서 크고, 주변부에서는 작게 된다.

그림 3-3은 장치 내부로의 가스를 주입하는 방향을 변경시키는 것이 가능한 장치를 사용하여 가스 인입 방향이 *CD*의 균일성에 미치는 영향을 조사한 것이다.[5] 가스를 기판의 중심부 방향을 향하여 주입시킨 경우, 그림에서 나타낸 것처럼 $SiCl_4$의 농도는 기판의 중심부에서 낮고, 주변부에는 높게 된다. 그 결과, 기판 중앙부의 패턴은 가늘게 되고 주변부의 패턴은 두껍게 되어 있다. 가스를 기판의 주변 방향을 향하여 주입시키는 경우는 $SiCl_4$ 농도의 면내 균일성은 개선이 되어 기판의 중앙, 주변에서의 *CD*차는 적게 되어 있다.

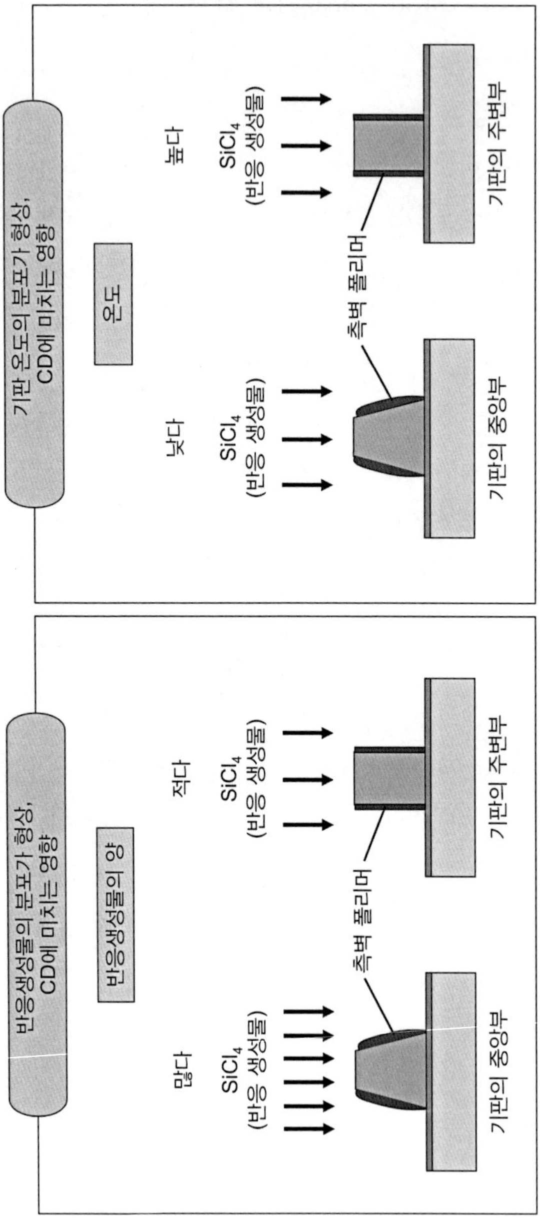

그림 3-2 반응생성물의 분포와 기판 온도분포가 기판 CD에 미치는 영향

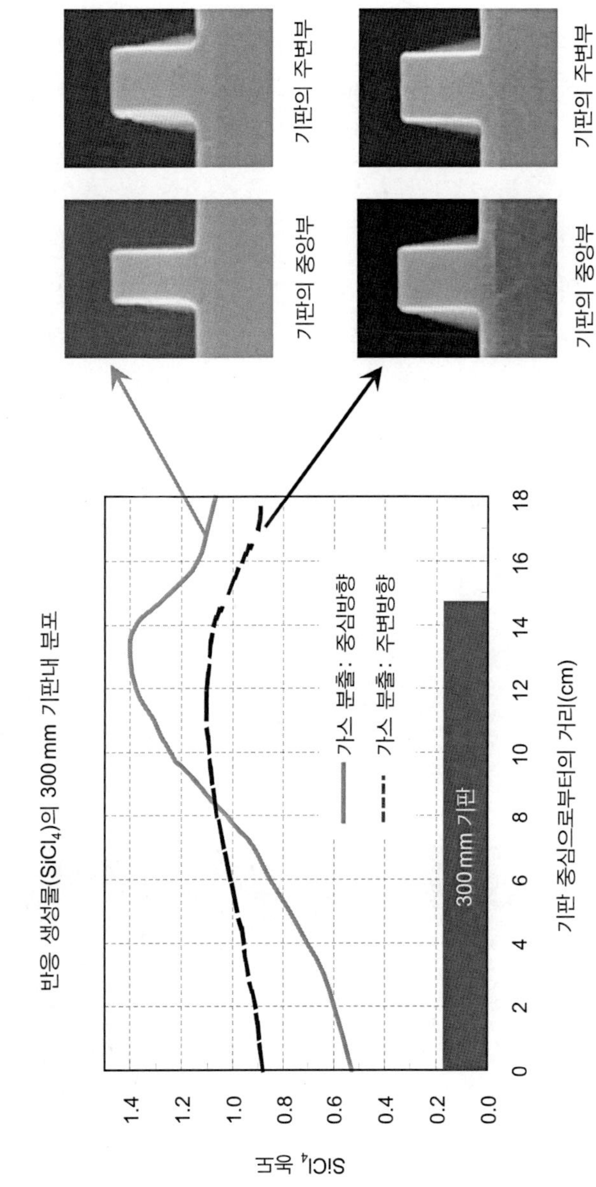

그림 3-3 가스 분출 방향이 CD에 미치는 영향[5]

그림 3-4는 기판의 중앙부와 주변부의 온도를 독립적으로 제어 가능한 기능을 가지는 정전 척(Tunable ESC(Electro−Static Chuck))을 탑재한 설비를 이용하여 기판의 온도분포가 CD의 균일성에 미치는 영향을 조사한 것이다.[5)]

Tunable ESC의 온도를 기판의 중앙부, 주변부 둘 다 동일한 30도로 설정한 경우, 중앙부의 패턴이 약간 두껍게 되는 경향이 있다. 다음으로 기판 중앙부의 온도를 50도까지 올리면, 기판 중앙부에서의 반응 생성물의 부착확률이 작게 되기 때문에 반대로 중앙부에서의 패턴이 가

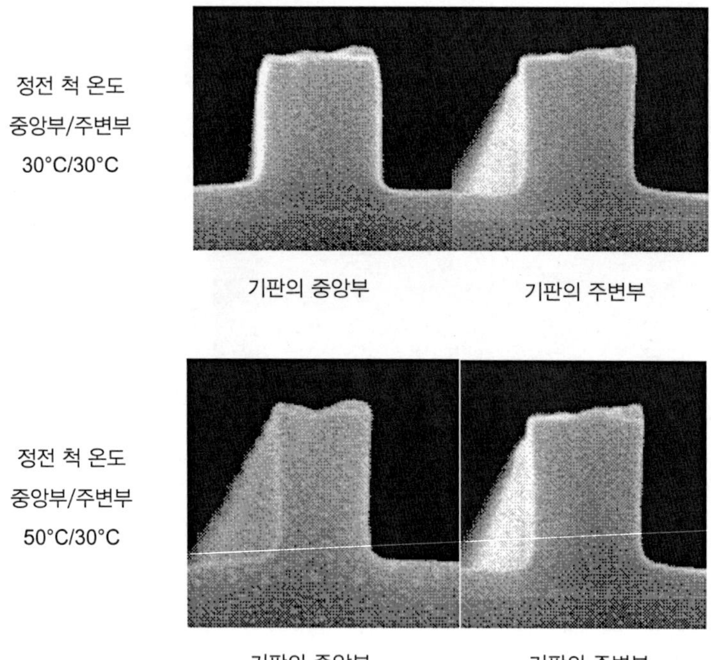

그림 3-4 기판 온도분포가 CD에 미치는 영향[5)]

늘게 되는 것을 알 수 있다.

Tunable ESC는 2002년 LAM Research에 의하여 실용화 되었다. **그림 3-5**는 Tunable ESC의 진보와 *CD* 균일성의 개선을 나타낸다.[6)] 반경 방향의 *CD* 균일성을 개선하기 위하여 온도 제어가 가능한 Zone을 2 zone에서 4 zone으로 증가시켰다. 그리고, 현재는 100 zone 이상의 온도를 독립적으로 제어 가능하게 되었고, 반경 방향뿐만 아니라 비반경 방향의 균일성도 개선 가능하게 되었다. 이와 함께 *CD*의 균일성이 현저히 개선된 것도 알 수 있다. **그림 3-6**에 나타낸 것처럼 100 zone 이상의 온도를 제어 가능한 Tunable ESC를 사용하는 것에 의하여 리소그라피 후에 1.8 nm(3σ)이였던 *CD*의 균일성을 식각 후에 0.5 nm(3σ) 이하로 개선 가능하게 되었다.[6)] 또한, 정전 척(ESC)에 대하여서는 4장 4.8절에서 논하기로 한다.

이상으로 설명한 것처럼, *CD*의 기판 면내의 불균일 분포를 억제하고, 양호한 균일성을 얻기 위해서는 반응생성물의 패턴으로의 부착을

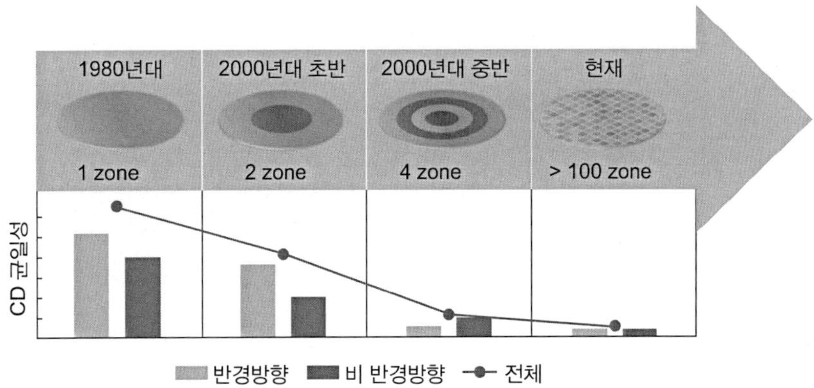

그림 3-5 Tunable ESC의 진보와 CD 균일성의 개선[6)]

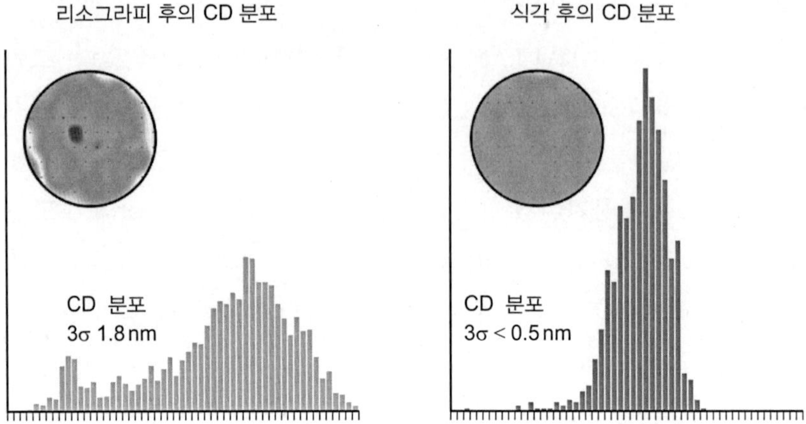

그림 3-6 100 zone 이상의 온도 제어가 가능한 Tunable ESC에 의한 CD 균일성 개선[6)]

정밀하게 제어할 필요가 있다. 그러기 위해서는 본 절에서 언급한 것처럼 가스의 인입 방향을 조절 가능한 구조적 고려와 기판 면내의 온도 분포를 조절 가능한 정전 척(Tunable ESC)이 장착된 식각 설비가 필요하다.

3.1.3 WSi_2/Poly-Si 게이트 식각

WSi_2/Poly-Si 구조는 폴리사이드 게이트라고 불리며, DRAM에서는 일반적으로 사용되고 있는 구조이다. DRAM에서 게이트는 워드라인(Word Line)으로 되어 있고, 여기에서 WSi_2를 사용하는 이유는 워드라인의 저항을 낮추기 위해서이다. WSi_2/Poly-Si 구조에서는 WSi_2, Poly-Si 둘 다 사이드 식각이 없이 수직으로 가공을 해야 하기 때문에 난이도가 높다. 그래서 본 절에서는 Cl_2에 O_2를 첨가한 공정에서의 식각을 예

로 들어 설명한다.[7] 식각장비로는 ECR 플라즈마 식각장비를 사용하였다. 식각 마스크는 CVD법으로 성막된 SiO_2이다.

그림 3-7에는 식각속도, 선택비의 O_2 농도 의존성을 나타내었다.[7] O_2 농도를 증가시킴에 따라 SiO_2의 식각속도는 감소하고 Poly-Si/SiO_2 선택비는 증가한다. 또, O_2 농도의 증가와 함께 WSi_2의 식각속도는 증가하고, O_2 농도가 10%일 때에는 Poly-Si의 식각속도와 동일하였다. O_2 농도와 함께 WSi_2의 식각속도가 증가하는 이유는 $WOCl_4$의 증기압이 WCl_6의 증기압보다 크기 때문이다.[8] RF power를 낮추는 것으로 인해

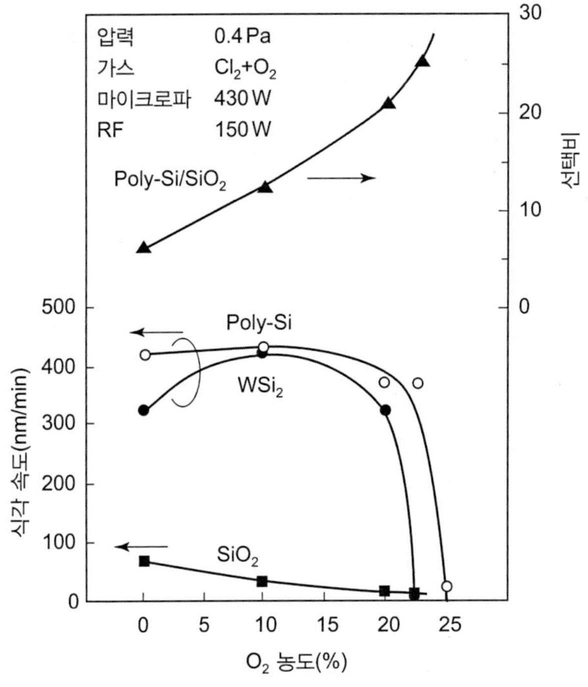

그림 3-7 WSi_2, Poly-Si, SiO_2의 식각 속도 및 Poly-Si/SiO_2 선택비의 O_2 농도 의존성[7]

이온 에너지를 낮추면, 더욱더 선택비를 높이는 것이 가능하다.

그림 3-8은 O_2 농도가 10%일 때의 식각속도 및 선택비의 RF power의 의존성을 나타낸 것이다.[7] Poly-Si의 식각속도가 음(−)으로 표현된 부분은 막의 퇴적을 의미한다. RF power의 감소에 따라 SiO_2의 식각속도는 급격하게 감소한다. 하지만, Poly-Si의 식각속도는 80 W까지는 그다지 크게 감소하지 않는다. 그 결과, Poly-Si/SiO_2 선택비는 RF power를 낮추면 급격하게 증가한다. RF power 80 W에 있어서 Poly-Si/SiO_2

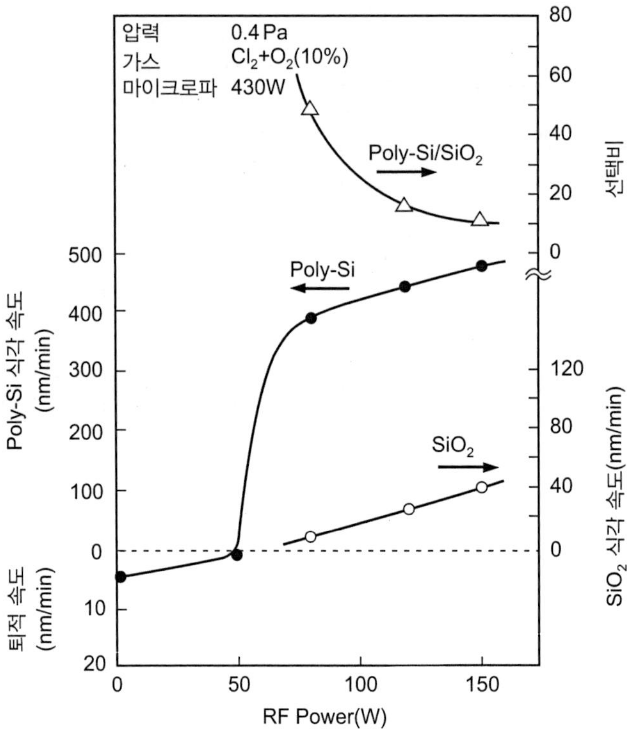

그림 3-8 Poly-Si, SiO_2의 식각 속도 및 Poly-Si/SiO_2 선택비의 RF Power 의존성[7]

선택비는 50, Poly-Si의 식각속도는 400 nm/min이다. RF power 50 W 이하에서는 Poly-Si의 식각이 일어나지 않고 표면에 박막이 퇴적을 하였다. 박막의 퇴적속도는 RF power가 0 W일 때 4 nm/min였다. 이 결과는 Cl_2 + O_2 조건에서 식각을 행하였을 때, WSi_2/Poly-Si 측벽에 측벽 보호막이 쌓인다는 것을 나타낸다. 왜냐하면, RF power 0 W일 때의 식각속도가 이온이 거의 입사하지 않는 피 식각재료의 측벽에서의 식각속도와 동일하기 때문이다.

그림 3-9에는 Cl_2 단독, 즉 O_2 농도가 0%일 때와 Cl_2에 O_2를 10% 첨가하였을 때의 식각형상을 비교하여 나타내었다.[7] 이때의 RF power는 80 W로 고정되었다. O_2의 농도가 0%일 때는 사이드 식각이 관찰되었

RF Power	80 W	80 W
식각 가스	Cl_2	Cl_2+O_2(10%)
형상		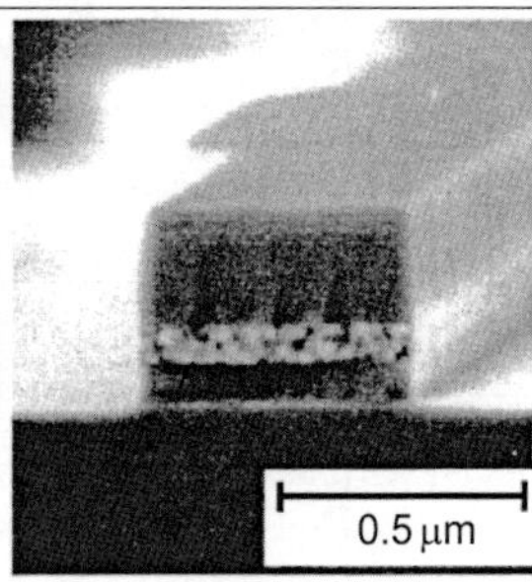
식각속도	350 nm/min	400 nm/min
선택비 (Poly-Si/SiO_2)	9	50

그림 3-9 WSi_2/Poly-Si를 Cl_2 및 Cl_2/O_2(10%)로 식각한 경우의 식각형상[7]

지만, O_2 10%를 첨가하면 SiO_2 마스크로부터 사이즈 변화가 없는 수직한 가공형상을 얻을 수 있었다. 이는 O_2 첨가로 인하여 발생한 반응 생성물이 측벽에 부착하여 측벽을 보호하고 있었기 때문이다. 측벽 보호막의 성분은 그림 3–8에 있는 RF power가 0 W일 때 퇴적된 박막을 분석하는 것으로부터 예측이 가능하다. 앞에서 언급한 것처럼, RF power 0 W일 때의 현상은 피식각 재료의 측벽에서의 현상을 나타내기 때문이다. 이 박막을 Auger 전자 분광법으로 분석한 결과를 **그림 3–10**에 나타내었다. O와 Si의 peak가 강하게 검출되고 있으므로 박막이 Si과 O로 구성되어 있는 것을 알 수 있다. 이 결과는 측벽 보호막이 SiO_x인 것을 의미한다. 표 3–1에 나타낸 것처럼, Si–O의 결합 에너지는 Si–Cl의 결합 에너지보다 크기 때문에 염소 라디칼은 거의 측벽 보호막을 식각하

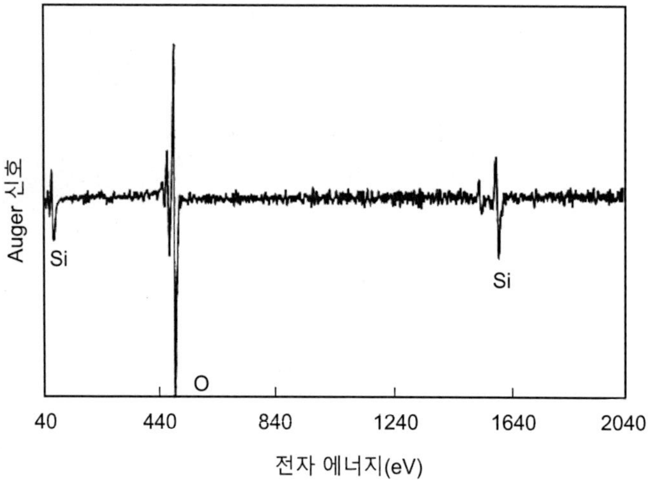

그림 3–10 RF Power 0 W, O_2 농도 10%일 때의 Poly–Si 표면에 퇴적된 박막의 Auger 전자 분광 분석결과[7)]

지 않는다. 따라서, 측벽 보호막은 염소 라디칼의 공격으로부터 측벽을 효과적으로 보호하고 있다는 것을 알 수 있다. 그 결과로 이방성 식각이 실현되었다.

O_2 첨가에 의한 SiO_2 식각속도의 감소도 반응 생성물인 SiO_x의 퇴적에 의한 것으로 사료된다. 그림 3–7에서 O_2의 농도가 25% 이상일 때에는 식각이 멈추고, 기판 표면에 퇴적막이 관찰되었다. Auger 전자 분광 분석의 결과, 이 퇴적막도 SiO_x인 것이 확인되었다.[7] 이것으로부터 O_2 첨가에 의한 SiO_2의 식각속도의 감소는 SiO_x의 퇴적에 의한 것으로 추측된다.

이상 언급한 것처럼, O_2의 첨가는 WSi_2의 식각속도 및 Poly-Si/SiO_2 선택비를 증가시키는 효과가 있었을 뿐 아니라, 측벽 보호막을 형성하여 이방성 식각을 실현시키기 쉽게 하는 효과가 있다는 것을 알 수 있다.

3.1.4 W/WN/Poly–Si 게이트 식각

DRAM의 미세화가 진행됨에 따라서 WSi_2를 대신하여 더욱 저저항(低抵抗)의 W이 사용되게 되었다. 이 게이트 구조는 W/WN/Poly-Si이며, 폴리 메탈 게이트라고 불려진다. 이 구조의 식각은 위 절에서 언급한 WSi_2/Poly-Si과 동일한 방식의 형태로 가능하지만, W이 Si을 함유하지 않는 만큼 WSi_2와 비교하여 Cl_2에 의한 식각이 어렵다. 일반적인 생각으로는 기판의 온도를 올려서 반응 생성물인 W 염화물의 증기압을 높이던지[9], 또는 보다 증기압이 높은 W 불화물을 생성할 수 있도록 불소계 가스를 첨가하는 등의 방법이 효과적이다. **그림 3–11**은 고온 식각의 예를 나타낸다.[9] ECR 플라즈마 식각장비를 사용하여 Cl_2+O_2(12%)의 가스계에서 W/WN를 100도에서 식각하였다. 마스크로부터의 사이

그림 3-11 W/WN/Poly-Si 게이트의 고온 식각[9](W/WN을 100℃에서 식각)

즈 변화가 없는 수직적 패턴 가공 형태가 얻어졌다.

3.1.5 Si 기판의 식각

Si 기판 식각의 대표 예로서 STI와 TSV(Through Si Via)가 있다. STI는 1장의 DRAM의 제작 공정에서 설명한 것처럼 소자간을 분리하는 Isolation으로 사용하는 것으로 Logic device와 Memory device 모두 다에 사용되고 있다. 기본적으로는 Poly-Si의 식각 방법이 그대로 채택되어 사용되고 있다. 식각 가스로는 Cl_2와 HBr을 기본으로 한 가스계를 사용한다. TSV는 3차원 디바이스를 만들기 위하여 사용되기 위한 관통 Via로서 종횡비(Aspect Ratio)가 크고, 깊은 hole을 Si 안으로 형성하는 가공이다. 이것에 관하여서는 6장의 「새로운 식각 기술」에서 설명하도록 한다.

3.2 SiO_2 식각

SiO_2 식각은 Contact hole이나 Via hole 등의 Hole계의 식각, STI나 Gate용의 Hard mask 식각, 또 6장의 "새로운 식각 기술"에서 논할 다마신 식각 등 다양한 부분에 걸쳐 사용되며 공정수도 피 식각재료 중 가장 많다.

SiO_2 식각은 Si, Poly-Si, Al과 같은 전도성 막의 식각과 비교하면 메커니즘도 복잡하고, 식각에 적합한 플라즈마 원(Plasma Source)도 다양하다. 그러므로 먼저 SiO_2 식각의 메커니즘에 대하여 설명한다.

3.2.1 SiO_2 식각의 메커니즘

SiO_2의 식각에는 C 및 F가 필요하여 식각의 기본이 되는 가스는 C와 F을 포함한 플루오로 카본(불화탄소) 가스이다. 더욱이, 모재 Si과의 선택비를 크게 가져가기 위하여 이 플루오로 카본에 H_2 또는 H를 포함한 가스를 혼합한 가스계가 사용된다. 그 이유에 대하여서는 다음에서 설명을 하도록 하겠다.

그림 3-12는 CF_4에 H_2를 혼합한 가스계에서의 SiO_2 식각의 메커니즘을 나타낸 것이다.[10] CF_4는 플라즈마 안에서 CF_3^+ 이온, CF_3 라디칼(CF_3•), F 라디칼(F•)로 해리한다. 그리고, H_2는 H 라디칼(H•)을 생성한다. 먼저 SiO_2 면 위에서의 반응에 대하여 설명한다. SiO_2 위에 흡착된 CF_3 라디칼은 CF_3^+ 이온의 충격에 의하여 C와 F로 해리한다. 3.1.1에서 언급한 것처럼 C−O의 결합 에너지는 Si−O의 결합 에너지보다 크기 때문에 C와 SiO_2 중의 O가 반응하여 CO가 되어 휘발한다. 결합이 약하게 된 Si은 F와 반응하여 SiF_4가 되어 휘발한다. 이와 같이

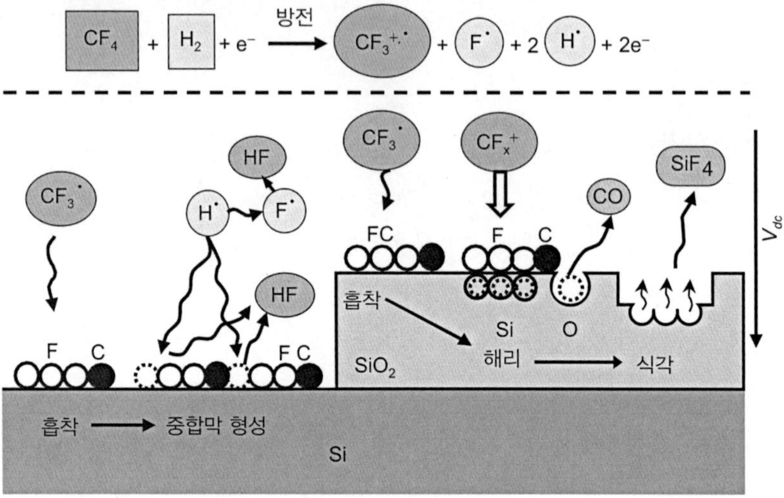

그림 3-12 $CF_4 + H_2$에 의한 SiO_2 식각 메커니즘[10)]

하여 SiO_2의 식각이 진행된다. 즉, SiO_2는 구성원자로서 O를 함유할 뿐만 아니라 O와 반응하여 휘발성 물질을 생성하는 C이 반드시 식각 가스 중에 포함되어야 할 필요가 있다. 이것이 기본 가스로서 F과 C을 포함한 플루오로 카본이 사용되는 이유이다.

다음으로 Si면 위에서의 반응에 대하여 언급한다. Si면 위에 흡착된 CF_3에 대하여서 H 라디칼에 의한 F의 탈착반응이 일어나, 그 결과 플루오로 카본의 중합막(폴리머)이 형성된다. Si 표면이 폴리머로 쌓여있기 때문에 F 라디칼에 의한 Si의 식각이 억제되게 된다. 또한, 기체상태 중에서 H 라디칼이 F 라디칼과 반응하여 HF가 되고, Si의 Etchant인 F 라디칼이 감소된다. 이것을 "스카벤지 효과"라고 부른다. 이 2가지 효과에 의하여 모재인 Si의 식각속도는 늦어지게 되고, SiO_2/Si 선택비가 높은 식각이 가능하게 된다. 이것이 식각 가스 중에 H을 필요로 하는 이유이다. **그림 3-13**은 SiO_2, Si, 레지스트 식각속도의 H_2 농도 의존성을 나타낸 것이다.[11] H_2의 농도가 증가하면 Si의 식각속도가 급격하게 저하하는 것을 알 수 있다. SIO_2의 식각속도는 Si의 식각속도 보다는 저하하지 않기 때문에 H_2의 농도 증가와 함께 SiO_2/Si 선택비는 상승한다. H_2의 농도가 40%일 때 SiO_2/Si 선택비는 약 10까지 상승하고 있다. 레지스트의 식각속도도 같은 형태의 기울기를 가지며, SiO_2/레지스트의 선택비도 H_2 농도 40%에서 약 10까지 향상하고 있다.

이와 같은 효과는 H 자체를 자신 안에 함유하고 있는 CHF_3와 같은 가스를 사용하여도 얻을 수가 있다. CHF_3는 SiO_2의 식각가스로서 상당히 대중화된 가스이다. 그리고, 다음 절에서 언급 하겠지만, C의 비율

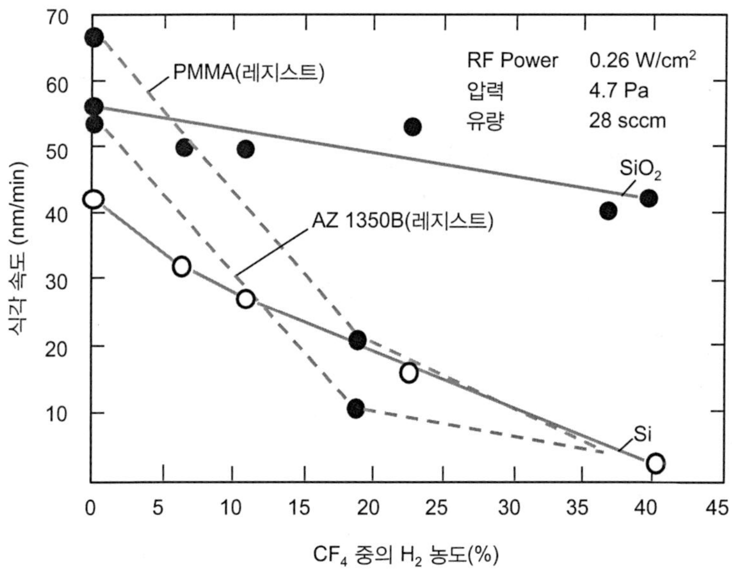

그림 3-13 SiO_2, Si, 레지스트 식각 속도의 H_2 농도 의존성(CF_4 + H_2 혼합 가스계)[11]

이 큰 가스일수록 선택비가 높게 되는 경향이 있는 것으로부터 최근에는 C_2F_6, C_3F_8, C_4F_8, C_5F_8 등의 플루오로 카본이 사용되게 되었다.

3.2.2 SiO_2 식각의 핵심요소

다음으로 SiO_2 식각의 핵심요소에 대하여 논한다. SiO_2/Si 선택비나 SiO_2/레지스트 선택비를 지배하는 핵심요소는 CF_2/F의 비율이다. CF_2/F의 비율을 크게 하면 선택비는 크게 된다.[12] **그림 3-14**는 F과 CF_x의 비율 F/CF_x이 무엇에 지배되는가를 조사한 실험 결과이다.[13] 이 실험에서는 가스로서 $C_4F_8/O_2/Ar$을 사용하였다. 그림으로부터 알 수 있듯이, F/CF_x는 입자의 체재시간 τ와 전자밀도(플라즈마 밀도) n_e의 누적값인 $\tau \cdot n_e$에 의존하고, $\tau \cdot n_e$가 크게 될수록 커진다.

전자와 분자의 충격회수는 다음의 식으로 표현된다.

$$\xi = \tau \cdot n_e < \sigma \nu > \tag{3.1}$$

여기서, τ : 입자의 체재시간

n_e : 전자밀도(플라즈마 밀도)

σ : 충돌 단면적

ν : 전자의 속도

이다. 즉, 그림 3-14에서 의미하는 것은 체재시간 τ가 길수록, 또 전자밀도(플라즈마 밀도) n_e가 클수록 전자와 분자의 충돌 회수는 크게 되기 때문에 C_4F_8의 해리가 진행되고 F가 증가한다. 즉, F/CF_x가 증가한다는 것이다. 모두(冒頭)에서 언급한 Si 선택비의 지표인 CF_2/F로 생각해보면, τ가 길수록, 또 n_e가 클수록 CF_2/F가 감소하게 된다는 것이다. 이것은 선택비가 저하되는 방향이다. 다시 말하면, SiO_2의 식각에 있어서는 입자의 체재 시간이 짧고, 플라즈마의 밀도는 그다지 크게 하지 않는 것이 고 선택비를 얻을 수 있다는 것을 의미한다. 따라서, SiO_2의 식각에는 고밀도 플라즈마는 적합하지 않고, 일반적으로는 중 밀도 플라즈마가 사용된다. 4장에서 상세하게 설명하겠지만 식각장치로서는 중

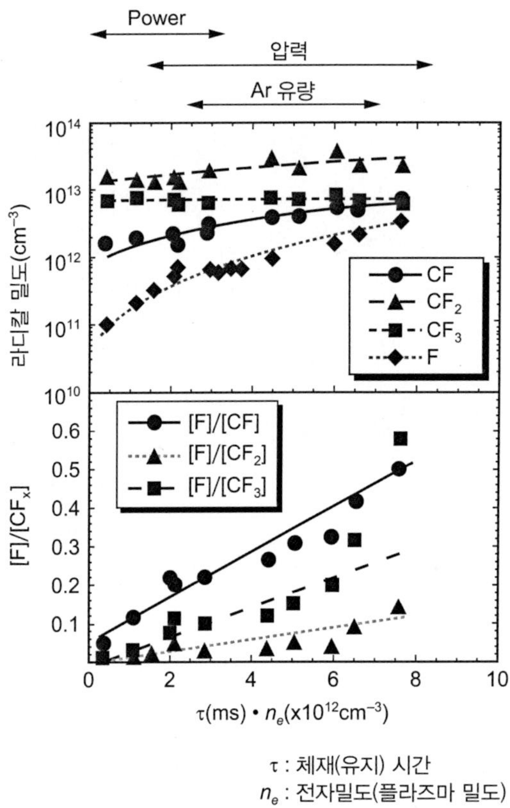

그림 3-14 $C_4F_8/O_2/Ar$ 플라즈마 중의 F/CF_x 비 및 각 라디칼 농도와 체재시간 × 전자밀도와의 관계[13)]

밀도 플라즈마의 Narrow Gap 평행평판형 식각장치가 적합하다.

다음으로 입자의 체재시간 τ는 다음의 식으로 표현된다.

$$\tau = \frac{PV}{Q} \tag{3.2}$$

여기서, P : 압력

V : 플라즈마의 체적

Q : 배기량

이다. 즉, τ를 작게 하기 위해서는 플라즈마의 체적을 작게 하고, 가스의 배기량을 크게 하여 압력을 낮추는 것이 좋다는 것을 알 수 있다. 반응기로서는 전극의 간격이 좁은 Narrow Gap 평행평판형 식각장치를 사용하는 것으로 더욱 플라즈마의 체적을 작게 할 수가 있다.

그림 3–15에는 전극간격이 C_4F_8의 해리, SiO_2/Si 선택비 및 SiO_2/레지스트 선택비에 미치는 영향을 나타낸다. 전극간격이 넓게 되면 플라즈마 체적이 증가하기 때문에 τ가 크게 되고, C_4F_8의 해리가 진행된다.

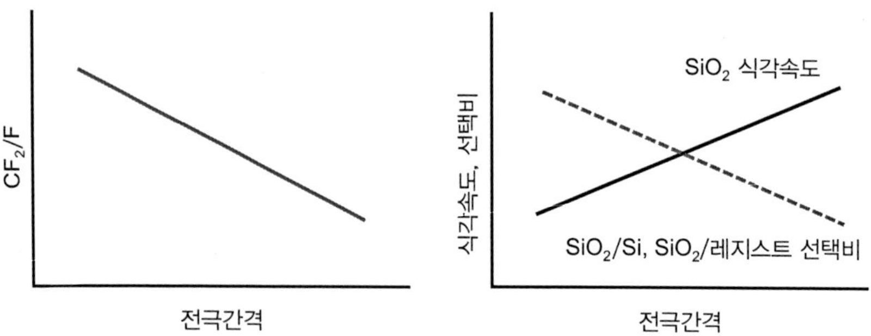

그림 3–15 전극간격이 C_4F_8의 해리 및 SiO_2/Si 선택비, SiO_2/레지스트 선택비에 미치는 영향

그 결과 CF_2/F가 감소하고, 선택비는 저하한다. 다시 말해서 높은 선택비를 얻기 위해서는 전극의 간격은 좁은 것이 좋다는 것을 나타내고 있다. 전극의 간격은 통상 25 mm~30 mm로 사용된다. **그림 3-16**은 Ar 유량이 C_4F_8의 해리, SiO_2/Si 선택비 및 SiO_2/레지스트 선택비에 미치는 영향을 나타낸 것이다. 압력을 일정하게 한 경우, Ar의 유량이 증가하면 (3.2)식으로부터 τ가 작게 되고, C_4F_8의 해리가 억제된다. 그 결과 CF_2/F는 크게 되고, 선택비는 높게 된다.

일시적으로 SiO_2 식각을 위하여 ICP나 ECR과 같은 고밀도 플라즈마를 사용하는 흐름이 있었다. 하지만, 둘 다 충분한 선택비를 얻지 못하고, 결국은 Narrow Gap 평행평판형 식각장치가 사용되게 되었다. 그 이유가 지금까지 언급한 이유가 있었기 때문이라 생각한다.

반응기(Chamber)의 벽이나 상부 전극표면에는 **그림 3-17**에서 나타낸 것처럼 F을 소비하고, CF_2를 방출하는 반응이 일어나고 있다.[14] CF_2를 방출되는 반응은 온도 및 바이어스에 의해 가속되는 것이 보고 되고 있다.[15,16] 상부 전극을 가열하거나 상부전극에 바이어스를 가하면

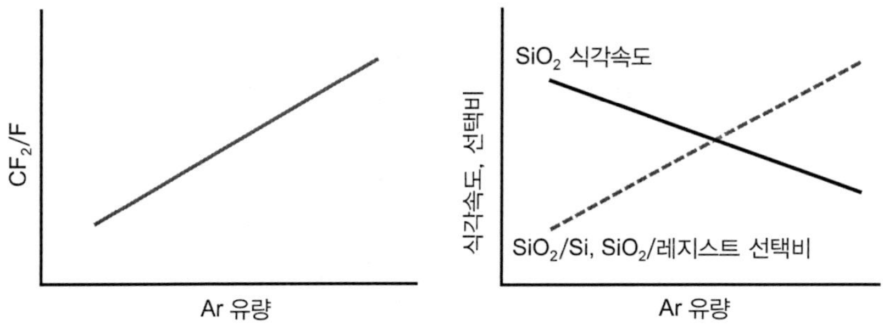

그림 3-16 Ar 유량이 C_4F_8의 해리 및 SiO_2/Si 선택비, SiO_2/레지스트 선택비에 미치는 영향

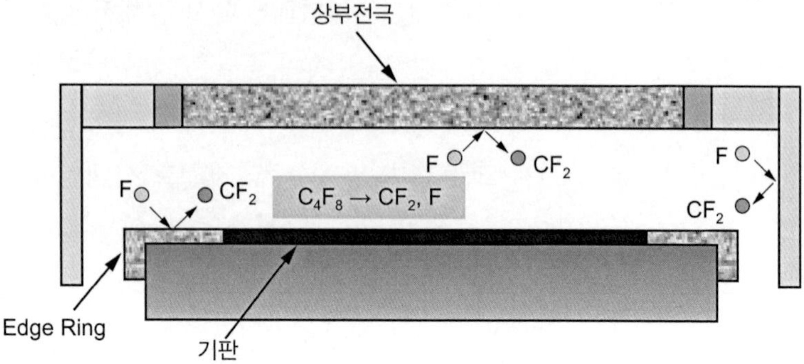

그림 3-17 챔버(Chamber) 벽에서의 반응[14)]

SiO_2/Si 선택비 및 SiO_2/레지스트 선택비는 향상된다. **그림 3-18**은 상부 전극온도가 180°C의 경우와 75°C의 경우에서 SiO_2 식각 후의 단면을 비교한 것인데[14)] 180°C에서 식각이 행해진 레지스트 박막의 잔량이

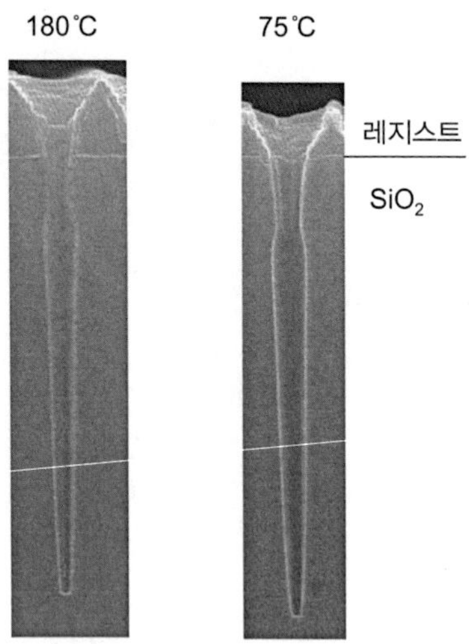

그림 3-18 상부전극 온도가 레지스트 선택비에 미치는 영향[14)]

많음을 나타낸다. 즉, 레지스트 선택비가 큰 것을 알 수 있다. 이처럼 SiO_2 식각에서는 반응기의 벽이나 상부전극의 표면상태를 제어하는 것이 상당히 중요하다.

3.2.1에서 설명한 것처럼, SiO_2/Si 고선택비 식각은 Si 표면에 폴리머를 형성하여 Si의 식각속도를 감소시키는 것에 의하여 얻어진다. Si

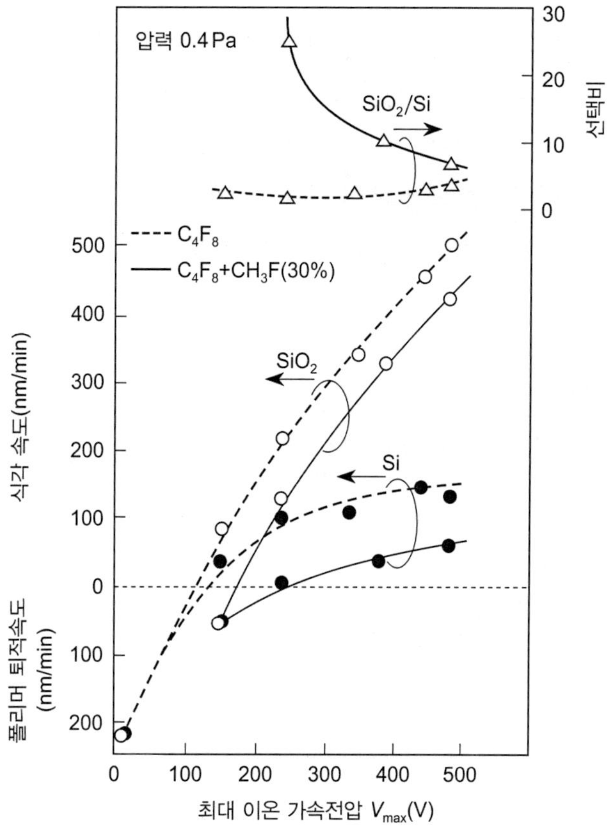

그림 3-19 SiO_2, Si의 식각속도 및 SiO_2/Si 선택비의 최대 이온가속 전압(V_{max})의존성[17)]

의 표면에 폴리머를 형성하기 위해서는 첨가 가스의 농도 및 이온 가속 전압의 설정이 중요하다는 것을 설명한다. **그림 3-19**는 C_4F_8를 기본으로 한 가스계에서의 식각에서 SiO_2, Si의 식각속도 및 SiO_2/Si 선택비의 V_{max}(최대 이온 가속전압) 의존성을 나타낸 것이다.[17] C_4F_8 단독의 경우, SiO_2, Si의 식각속도는 V_{max}와 함께 증가하지만 SiO_2/Si 선택비는 작고, V_{max} 의존성도 없다. SiO_2/Si 선택비를 향상시킬 목적으로 C_4F_8에 수소를 많이 함유한 CH_3F를 30% 첨가하면 HF의 형태로 F 라디칼이 감소하는 것과 CH, CF계의 폴리머가 Si 표면에 퇴적하는 것으로부터 Si의 식각속도가 상당히 저하하고, 선택비는 향상된다. 이 효과는 V_{max}를 작게 할수록 현저하게 나타나고, V_{max}가 200 V 이하에서는 Si 표면은 완전히 폴리머로 쌓이게 되어 Si의 식각은 진행되지 않는다. 즉, 선택비는 무한대가 된다. 단지 SiO_2의 식각속도도 저하하기 때문에, 실제의 조건 설정에 있어서는 식각속도와 선택비의 비율로 이온 에너지를 설정할 필요가 있다.

3.2.3 SAC(Self-Aligned Contact) 식각

SAC 식각이란 **그림 3-20**에서 나타낸 것처럼 게이트 전극간에 컨택 홀(Contact Hole)을 형성할 때에 식각을 억제하는(stopper) Si_3N_4 막으로 게이트를 둘러싸고 있으며, 식각하고자 하는 곳의 엇갈림(Misalignment)이 발생하여도 컨택 홀과 게이트가 단락(Short)되지 않도록 하는 기술이다. 이 기술로 컨택의 정합 여유를 확대하고, 칩 사이즈의 축소가 가능하게 된다. SAC 식각에서는 SiO_2/Si_3N_4 선택비를 어떻게 하면 크게 할 것인가가 핵심 포인트이다. 또한, SAC 식각에서는 주로 C_4F_8에 CO를 혼합한 가스계가 사용된다. **그림 3-21**은 CF_2^+ 이온과 $C_2F_4^+$ 이온을

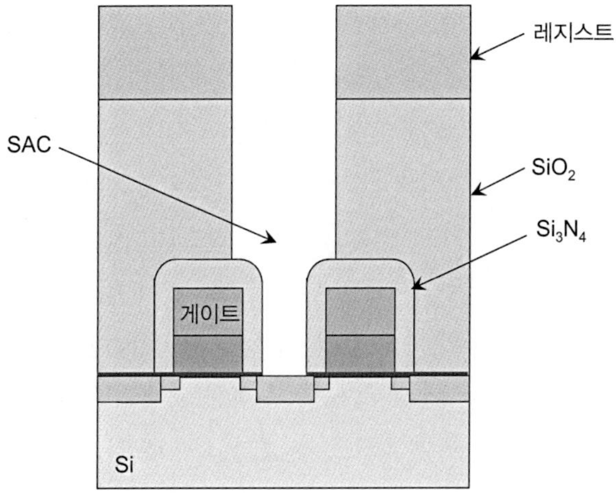

그림 3-20 SAC(Self-aligned Contact) 식각

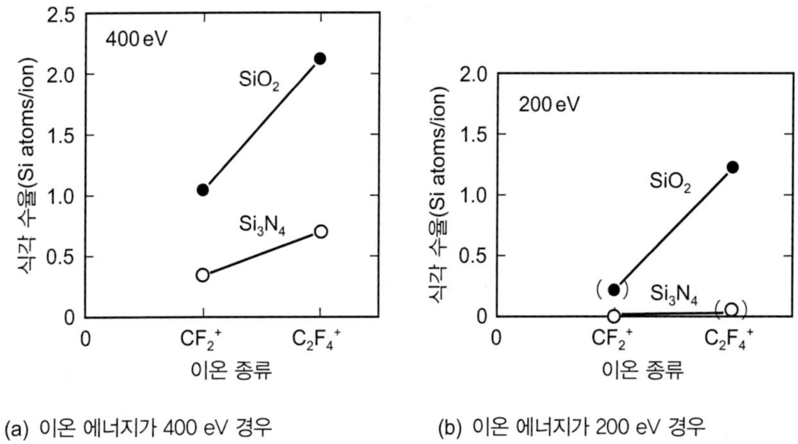

그림 3-21 CF_2^+, $C_2F_4^+$ 이온을 SiO_2, Si_3N_4에 조사한 경우의 식각 수율[18)]

SiO_2 및 Si_3N_4에 조사하고, 그때의 식각수율(Etch yield)을 측정한 결과이다.[18] 여기에서 식각수율이란 식각된 Si 원자의 수를 입사된 이온의 수로 나눈 것으로 정의된다. $C_2F_4^+$ 이온이 CF_2^+ 이온과 비교하여 SiO_2의 식각수율이 크고, 동시에 SiO_2/Si_3N_4 선택비를 크게 취하는 것을 알 수 있었다. 특히 이온 에너지를 200 eV까지 내리면 폴리머의 퇴적으로부터 Si_3N_4의 식각속도는 현저하게 감소하고, SiO_2/Si_3N_4 선택비로서 80을 얻었다. 그림 **3-22**는 C_4F_8 플라즈마 및 C_4F_8에 CO를 혼합한 플라즈마 안에서 이온 종(種)의 농도를 측정한 결과이다.[18] C_4F_8에 CO를 혼합하면 CF_2^+ 이온농도가 감소하고, $C_2F_4^+$의 이온농도가 증가하는 것을 알 수 있다. 마그네트론 RIE(장치에 대하여서는 4장에서 설명한다)를 사용한 실제의 식각에 있어서도 C_4F_8 단독보다 C_4F_8에 CO를 혼합한 쪽이 SiO_2/Si_3N_4 선택비가 향상되는 것이 확인되었고, 선택비로서 15가 얻어졌다.[18]

또한, C_4F_8의 대체 가스로서 C_5F_8도 주목을 받고 있다. 마그네트론 RIE를 사용하여 C_5F_8/O_2의 가스계에서 모서리 부분의 선택비로서 21을 얻은 예가 보고되어 있다.[19] C-rich이면서 3차원의 C-C 결합을 가진 내(耐)플라즈마성이 뛰어난 폴리머가 형성되기 때문에 높은 선택비가 얻어진다고 할 수 있다.

3.2.4 스페이서(Spacer) 식각

마지막으로 스페이서 식각은 게이트 측벽에 절연막인 스페이서를 형성하기 위한 식각이다. 스페이서는 1장의 DRAM 공정 흐름도에서 언급한 것처럼 게이트로부터 약간 떨어진 부분에 소스(Source)와 드레인(Drain) 영역을 형성하기 위하여 사용된다. 또한, 6장의 6.6에서 언급할

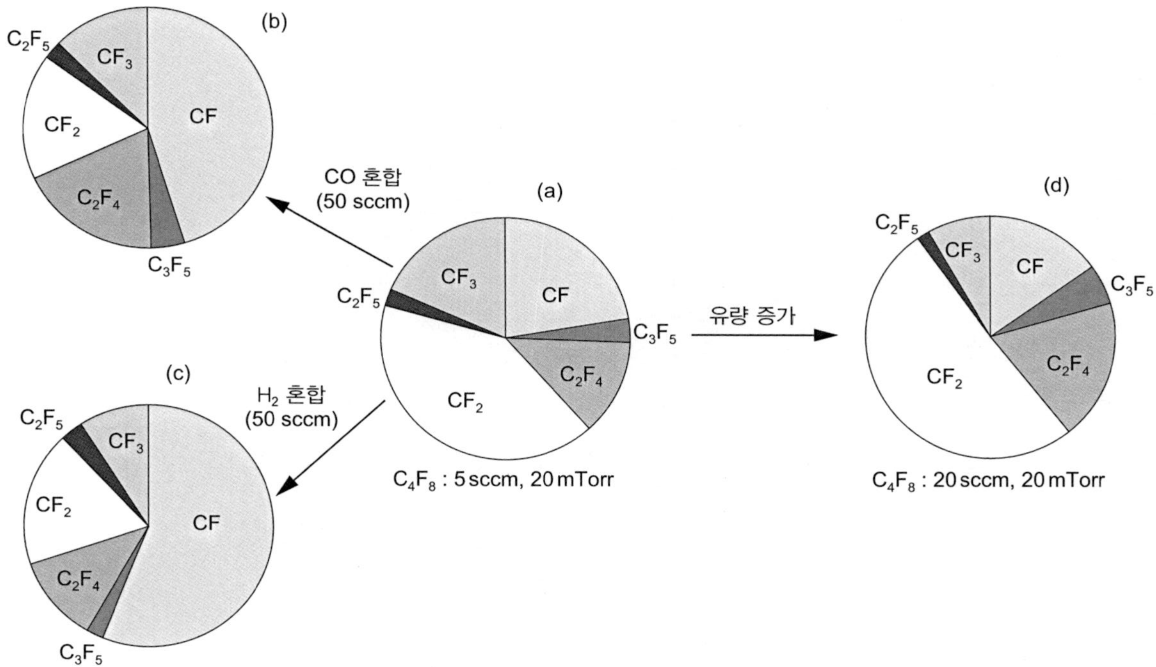

그림 3–22 C_4F_8 플라즈마 및 C_4F_8에 CO, H_2를 혼합한 플라즈마 내의 이온 종(種)의 농도[18)]

다중 패터닝 형성을 위해서도 응용된다. 스페이서 식각은 이방성 식각의 특성을 정교하게 이용한 공정이다. 공정 흐름도를 그림 3-23에 나타내었다.

(1) 게이트를 형성한 후,

(2) CVD(Chemical Vapor Deposition)법으로 SiO_2나 Si_3N_4 등의 절연막을 퇴적한다.

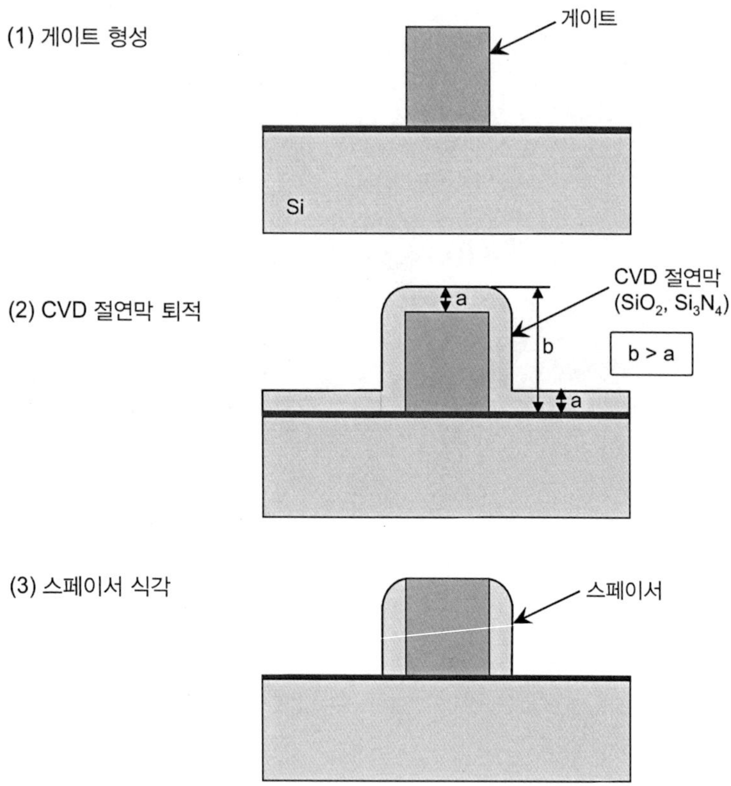

그림 3-23 스페이서의 식각공정

(3) 이어서 이방성 식각을 행하면 게이트의 측벽부에서는 수직 방향에서 본 CVD 절연막의 막 두께가 두껍기 때문에 CVD 절연막이 식각되지 않고 남게 되므로 스페이서가 형성된다.

3.3 배선 식각

Logic 디바이스에서는 다층 배선구조가 사용되고 있다. 층수가 많은 것은 10층 정도가 된다. 그렇기 때문에 전 공정 중에서 배선공정이 차지하는 비율이 상당히 높다. 하지만 6장의 "새로운 식각 기술"에서 상세하게 말하겠지만 Logic 디바이스에서는 Al 배선을 대신하여 Cu 다마신(Damascene) 배선이 사용되어 Al 배선은 겨우 다층배선의 최상층 및 Bonding Pad에 사용되는 정도이다. 패턴 사이즈도 크기 때문에 미세 가공공정은 그다지 필요가 없다. DRAM이나 Flash 같은 메모리 디바이스에서는 아직 Al 배선이 사용되고 있지만, 2~3개층 정도로 층수가 적다. 메모리 디바이스에서도 Cu 다마신 배선이 도입되고 있으며, 적어도 1층 정도는 벌써 Cu 다마신 배선으로 바뀌고 있다. 따라서, 모든 식각 공정 수 중에서 Al 배선 식각의 비율은 점점 감소하고 있다.

3.3.1 Al 배선 식각

2장의 2.3.4에서 언급한 것처럼 Al 식각에서는 Cl_2를 기반으로 하는 가스가 사용되고 있다. Cl 라디칼에 의하여 Al 자체는 매우 빠른 속도로 식각된다. 하지만, Al은 상당히 산화되기 쉽기 때문에 표면에서는 일반적으로 산화막 Al_2O_3가 형성되게 되어 이것이 식각을 방해한다. 이 표면의 산화막을 제거하기 위해서는 환원성이 강한 BCl_3 가스를 혼합한다. 그래서, $Cl_2 + BCl_3$가 Al 식각의 기본적인 가스계가 되어 있다.

Al 배선재료의 구조로서는 내(耐)전기이동성(Electro−Migration)의 관점으로부터 Al 합금과 Barrier 금속의 적층구조가 사용되고 있다. 적층 금속 구조에서는 Al 합금 위에 반사방지막 역할로서 박막을 추가로 형성하는 경우도 있다. 구체적인 형태는 TiN/Al−Si−Cu/TiN나 TiW/Al−Si−Cu/TiW과 같은 샌드위치 구조가 된다.

Al 식각에서는 패턴의 형상에 따라 사이드 식각량이 다르다. 일명 마이크로 로딩 효과(Micro Loading Effect)가 문제가 된다. **그림 3−24**는 마이크로 로딩 효과를 조사한 실험결과를 나타낸다.[20] 그림 3−24(a)에서 나타낸 것처럼 75 mm×45 mm의 직사각형 패턴으로부터 4 μm 폭

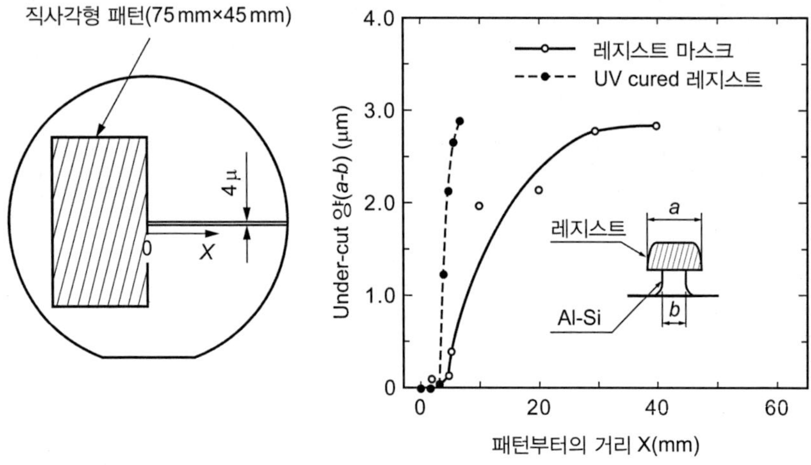

(a) Test Pattern Layout

(b) Under−cut 양의 직사각형 패턴의 말단부터의 거리 의존성

그림 3−24 Al−Si 식각에 있어서 micro loading 효과[20]

의 선(線, Line)이 가늘고 길게 늘어지게 배치한 테스트 패턴을 사용하여, 선 위의 각 위치에서 Al의 사이드 식각량(Under−Cut 량)을 조사한 결과를 그림 3−24(b)에 나타내었다. 장치는 평행평판형 RIE로 압력은 47 Pa이었다. 그림 3−24(b)로부터 알 수 있듯이 직사각형 패턴으로부터 거리가 멀어 질수록 사이드 식각량이 증가하는 것을 알 수 있다. 2장의 2.3.3에서 언급한 것처럼 Cl로 Al을 식각하는 경우는 측벽보호 공정을 의지할 수밖에 없다. 직사각형 패턴으로부터 거리가 멀어 질수록 레지스트로부터의 폴리머 공급이 적어지게 되고, 그로 인하여 측벽 보호막이 엷어짐으로 사이드 식각(Under−Cut)이 들어가기 때문이다. 그림 내에서 파선은 UV Cure 레지스트의 경우를 나타내는데, 이 경우가 사이드 식각량이 큰 것을 보인다. UV Cure란 레지스트에 UV광을 조사하면서 가열하는 것을 말하는데, 이렇게 하면 레지스트에 대한 선택비가 상승하고, 폴리머의 공급이 보다 적게 되기 때문에 사이드 식각량이 크게 되었다고 생각되어진다. 레지스트로부터의 폴리머 공급이 감소했기 때문에 사이드 식각이 발생하는 현상은 실제 디바이스 패턴에서는 식각면적과 비교하여 레지스트 마스크의 면적이 작은 영역에서 일어난다. 이 현상은 특히 압력이 높을 때 현저하게 나타난다.

이 현상을 방지하기 위해서는 공정 압력을 낮추고 이온의 직진성을 증가시키면 개선된다. 이는, 측면 보호막이 얇다고 하여도 이방성 식각이 가능하기 때문이다. 식각 방식으로는 저압 공정이 가능한 ECR 플라즈마나 ICP 방식이 효과적이다. **그림 3−25**는 기판의 절반을 레지스트로 도포하고, 거기에서부터 거리에 따른 사이드 식각량이 어떻게 변화하는지를 조사한 것이다.[21] ECR 플라즈마 식각장치를 사용하였고, 압력은 2 Pa이다. 레지스트로부터 거리 5~40 mm까지의 형상과 사이드 식각량 둘 다 거의 변화가 없음을 알 수 있다. 사이드 식각을 방지할 방

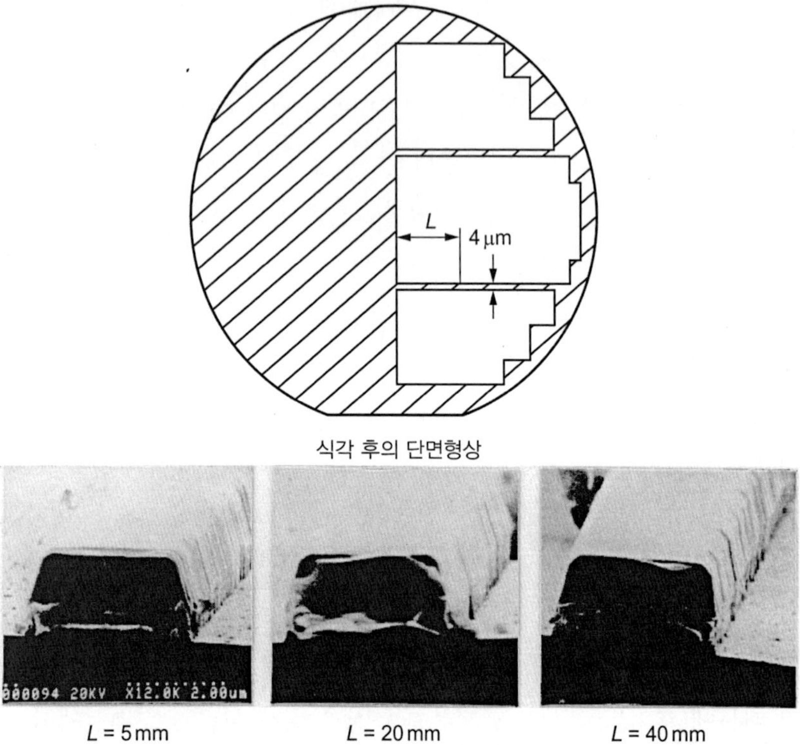

注 : L(레지스트 단면부터의 거리)

그림 3-25 Al-Si-Cu 박막 가공에 미치는 레지스트의 영향[21]

법으로서 첨가 가스에 의한 측벽 보호막의 강화를 들 수 있다. 예를 들어 CH계의 첨가가스를 더하면 레지스트와 비슷한 폴리머가 측벽에 부착하기 때문에 측벽 보호막을 강화하는 것이 가능하다.

그림 3-26은 ECR 플라즈마에 의한 Al-Si-Cu 식각에 있어서 V_{dc}와 Al-Si-Cu 식각속도, 사이드 식각량의 관계를 나타낸 것이다.[22] 압력은 1.3 Pa이었다. 그림의 결과로부터 알 수 있는 것은 V_{dc}를 변화시키는

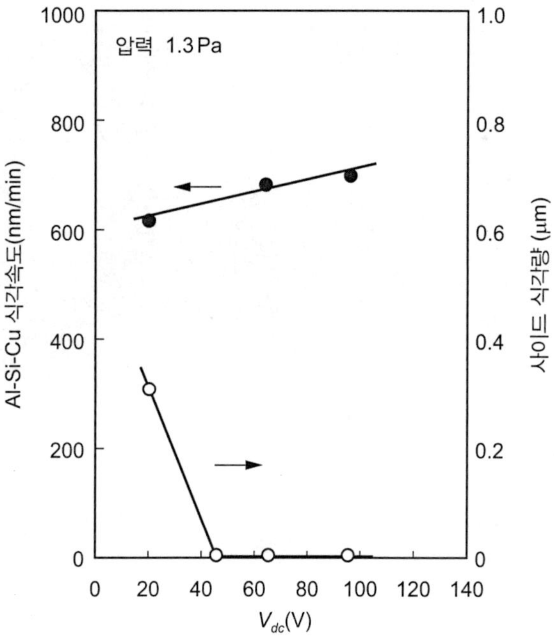

그림 3–26 Al–Si–Cu의 식각속도 및 사이드 식각량의 V_{dc} 의존성[22)]

것으로 식각속도를 바꾸지 않고 사이드 식각량의 제어가 가능하다는 것을 알 수 있다.

그림 3–27은 ECR 플라즈마 식각장치에 의한 적층 금속구조의 식각 예를 나타낸다.[23)] 각 층간의 단차가 없는 이방성 식각이 실현 가능해져 있다. Barrier 금속 중에서 TiN는 Cl_2에 의해 식각 가능하므로 가공은 비교적 간단 하였다. 하지만, TiW의 경우는 W의 성분이 80~90%를 차지하고 있어서 그 식각 특성은 W에 가깝고, 식각을 위해서는 F계 가스가 필요하다.

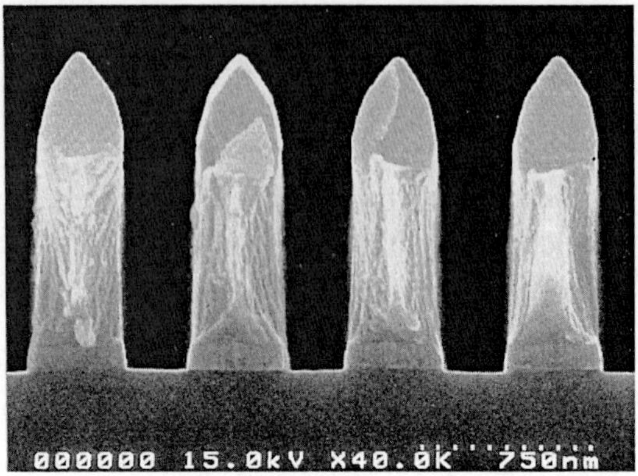

그림 3-27 Al-Si-Cu 적층 금속 구조의 식각 예[23)]

3.3.2 Al 배선의 부식방지 기술

Al 식각에 있어서의 또 다른 하나의 중요한 포인트는 부식방지 기술이다. Al 식각 후, 잔류 Cl가 많은 상태에서 기판을 대기 중으로 꺼내게 되면 부식이 많이 발생한다. 대기중의 수분과 잔류 Cl의 반응으로 HCl이 생기기 때문이다. Cu를 함유한 Al 합금의 경우, Cl^- 이온이 간단하게 Cu 산화막을 파괴하기 때문에 국부적 전지작용이 발생하여 부식이 진행된다고 알려져 있다. TiN/Al-Si-Cu/TiN나 TiW/Al-Si-Cu/TiW과 같은 적층구조에서는 이종(異種) 금속간의 국부전지작용이 부가되기 때문에 부식의 가능성은 더욱 증가하게 된다. 어떤 것이 영향을 미쳤던지 간에 부식을 방지하기 위해서는 기판 위의 잔류 Cl를 철저히 제거하는 것이 중요하다.[24)] **그림 3-28**은 식각의 각 공정에 있어서 기판 위의 잔류 Cl를 조사한 결과이다.[25)] 식각 직후, 기판에 다량으로 부착되어 있는 Cl는 에셔(Asher)로 레지스트를 제거하는 것으로부터 99% 이상 제거가 가능하다. 그 후, 습식(wet) 처리를 하면 Cl의 양은 거의 식각

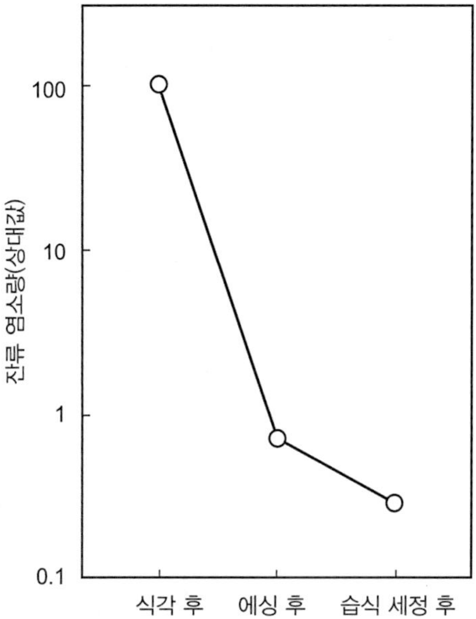

그림 3-28 Al-Si-Cu 식각의 각 공정에 있어서 기판 상의 잔류 염소량[25)]

전의 수준이 된다. 진공을 깨지 않고 레지스트를 제거 가능한 에셔를 탑재한 식각장치를 사용하면, 1% 전후의 Cu를 포함한 Al 합금 배선의 경우는 레지스트 제거만으로도 부식방지가 충분히 가능하다. Barrier 금속을 가지는 적층 금속 배선 구조에서는 순수(純水) 등으로 세정을 추가하는 것이 더욱 효과적이다.

3.3.3 그 외 배선재료의 식각

그 외의 배선재료로서 W과 Cu가 있다. W은 메모리 배선의 일부로 사용되고 있다. W의 식각은 3.1.4에서 언급한 W/WN/Poly-Si 게이트와 비슷한 형태로 적용 가능하다.

Cu의 식각은 상당히 어렵다. 2장의 표 2–3의 data로부터 추측할 수 있는 것처럼 Cu의 할로겐화는 상당히 휘발하기 어렵고, 식각에 있어서는 기판의 온도를 상당히 높여야 할 필요가 있다. $Cl_2 + N_2$를 사용하여 350도에서 식각한 예[26)]나 $SiCl_4 + N_2 + Cl_2 + NH_3$를 사용하여 280도에서 식각을 한 예[27)]가 보고 되었다. 하지만, 고온의 ESC chuck이 필요한 것이나 반응 생성물이 반응기(Chamber)와 배기(排氣)계에 부착하는 것을 방지하기 위하여 장치의 여러 곳을 가열을 해야 할 필요가 있는 등 많은 문제점이 있기 때문에 Cu 배선 식각은 실용화 되지 않았다. 현재, Cu 배선 형성을 위하여서 6장의 "새로운 식각 기술"에서 언급할 Cu 다마신 기술이 사용되고 있다.

3.4 결론

이상으로 반도체 제조 공정 중의 기간 기술인 게이트 식각, SiO_2 식각, Al 합금 적층 금속구조의 식각을 중심으로 설명하였다. 이 장에서는 간단한 각론에 머무르지 않고 식각을 지배하는 요소(Parameter)들과 그 제어법에 대하여 이해하기 쉽게 해설하였다. 반도체의 진보는 머무르지 않고, 앞으로도 새로운 재료가 도입되어 갈 것이라 생각한다. 그 때에 중요한 것은 대증치료법적인 접근방식이 아닌 기본을 바탕으로 한 접근 방식이 될 것이다.

2장에서 설명한 "건식 식각의 메커니즘"과 본 장에서 언급한 "각종 재료의 식각"의 기본적인 사고방식을 이해하여, 앞으로의 식각 기술개발에 응용하길 바란다.

[참고문헌]

1) 野尻一男, 定岡征人, 東英明, 河村光一郎: 第36回春季応用物理学会講演予稿集(第2分冊), p.571 (1989).
2) M. Nakamura, K. Iizuka & H. Yano: Jpn. J. Appl. Phys. **28**, 2142 (1989).
3) S. Ramalingam, Q. Zhong, Y. Yamaguchi & C. Lee: Proc. Symp. Dry Process, p.139 (2004).
4) S. Tachi, M. Izawa, K. Tsujimoto, T. Kure, N. Kofuji, R. Hamasaki & M. Kojima: J. Vac. Sci. Technol. A **16**, 250 (1998).
5) C. Lee, Y. Yamaguchi, F. Lin, K. Aoyama, Y. Miyamoto & V. Vahedi: Proc. Symp. Dry Process, p.111 (2003).
6) S. Hwang and K. Kanarik: Solid State Technol., p.16, July (2016).
7) K. Nojiri, K. Tsunokuni & K. Yamazaki: J. Vac. Sci. Technol. B **14**, 1791 (1996).
8) T. P. Chow & A. J. Steckl: J. Electrochem. Soc. **131**, 2325 (1984).
9) K. Nojiri, N. Mise, M. Yoshigai, Y. Nishimori, H. Kawakami, T. Umezawa, T. Tokunaga & T. Usui: Proc. Symo. Dry Process, p.93 (1999).
10) 堀池靖浩: 第19回半導体専門講習予稿集, p.193 (1981).
11) L. M. Ephrath: J. Electrochem. Soc. **126**, 1419 (1979).
12) 伊澤勝, 横川賢悦, 山本清二, 根岸伸幸, 桃井義典, 堤貴志, 辻本和典, 田地新一: 第46回応用物理学関係連合講演会講演予稿集, p.193 (1999).
13) T. Tatsumi, H. Hayashi, S. Morishita, S. Noda, M. Okigawa, N. Itabashi, Y. Hikosaka & M. Inoue: Jpn. J. Appl. Phys. **37**, 2394 (1998).
14) K. Nojiri: Advanced Metallization Conference Tutorial, p.92 (2017).
15) S. Ito, K. Nakamura & H. Sugai: Jpn. J. Appl. Phys. **33**, L1261 (1994).
16) M. Mori, S. Yamamoto, K. Tsujimoto, K. Yokogawa & S. Tachi: Proc. Symp. Dry Process, p.397 (1997).
17) K. Nojiri & E. Iguchi: J. Vac. Sci. & Technol. B **13**, 1451 (1995).
18) T. Sakai, H. Hayashi, J. Abe, K. Horioka & H. Okano: Proc. Symp. Dry

Process, p.193 (1993).

19) Y. Ito, A. Koshiishi, R. Shimizu, M. Hagiwara, K. Inazawa & E. Nishimura: Proc. Symp. Dry Process, p.263 (1998).

20) I. Hasegawa, Y. Yoshida, Y. Naruke & T. Watanabe: Proc. Symp. Dry Process, p.126 (1985).

21) 川崎義直, 西海正治, 奥平定之, 掛樋豊: 日立評論, 第71巻, 5号 p.33 (1989).

22) 定岡征人, 野尻一男, 広部嘉道, 福山良次: 48回秋季応用物理学会講演予稿集(第2分冊), p.469 (1987).

23) N. Tamura, K. Nojiri, K. Tsujimoto, K. Takahashi: Hitachi Review **44**(2), 91 (1995).

24) A. Hall & k. Nojiri: Solid State Technol. **34**(5), 107 (1991).

25) 野尻一男:「0.3 μmプロセス技術」トリケップス社, p.163 (1994).

26) 星野和弘, 中村守孝, 八木春良, 矢野弘, 土川春穂 :第36回春季応用物理学会 講演予稿集(第2分冊), p.570 (1989).

27) K. Ohno, M. Sato & Y. Arita: Ext. Abstr. Int. Conf. Solid State Devices and Materials, p.215 (1990).

4장

건식 식각장치

본 장에서는 먼저 건식 식각장치의 역사에 대하여 설명한다. 다음으로 현재 LSI의 제조에 사용되고 있는 건식 식각장치, 즉 배럴(Barrel)형 플라즈마 식각장치, CCP(Capacitively Coupled Plasma) 플라즈마 식각장치, 마그네트론 RIE, ECR(Electron Cyclotron Resonance) 플라즈마 식각장치에 대해 플라즈마 생성원리, 플라즈마 밀도, 동작 압력 범위 및 주요 특징에 대하여서 상세하게 설명한다. 마지막으로 건식 식각장치 중에서 중요한 역할을 하고 있는 정전 척(ESC)에 대하여 논한다.

4.1 건식 식각장치의 역사

습식(Wet) 식각을 대체하기 위해 최초로 사용된 건식 식각장치는 원통 형태의 석영관으로 주위에 전자유도 코일 또는 용량 결합전극을 설치하여 플라즈마를 발생시키는 방식으로 배럴형 플라즈마 식각장치라고 불렸다. 1968년 최초로 반도체 관련 재료에 적용되었지만, 가공 정밀도가 좋지 않았기 때문에 레지스트의 에싱(Ashing), 기판의 후면막 제거, 본딩패트(Bonding Pad)부의 절연막 식각 등으로 정밀도를 요구하지 않는 공정에서 사용되었다.

건식 식각기술이 가공 기술로서 본격적으로 반도체 제조 공정에 사용된 것은 3 μm 공정의 64비트 DRAM부터 였다. 사용된 설비로서는 CCP라고 불리우는 평행평판형의 건식 식각장치였으며, 용량 결합에 의해 플라즈마를 생성한다. 이 형태의 식각장치는 RIE라고도 불리며, 널리 건식식각의 대명사가 되었다.

그 이후, 상당 부분의 개량이 더하여져 Poly-Si, 절연막, Al 배선 등의 재료 가공에 널리 사용되었다. 당초는 한번에 여러 장의 기판을 처리하는 일괄형(Batch type) 방식이 사용되었다. 기판의 대구경화가 진행되고, 고정밀 가공이 요구되면서 Batch 방식의 장치로는 대응이 되지 않아서 기판 1장씩을 처리하는 매엽식 건식 식각장치가 출현하였다. 매엽식 식각장치에서는 Batch 방식에 필적하는 처리량(Throughput)을 얻기 위하여 식각속도의 고속화가 필수 항목이 되었고, 얼마나 정교하게 플라즈마를 제어하는가가 기술 과제가 되었다.

매엽식 건식 식각장치의 플라즈마 밀도를 향상시키기 위한 수법으로 최초로 등장한 것이 마그네트론 RIE였다. 이것은 자기장을 인가하는 것으로 플라즈마 밀도를 높이는 방식이며 MERIE(Magnetically Enhanced Reactive Ion Etching)이라고 불린다. 이 방식에서는 플라즈마 밀도의 불균일성이 charge-up 손상을 일으키기 쉬운 문제점이 있고, 디바이스의 미세화가 진행됨에 따라 사용되는 공정이 한정되게 되었다. 또한 이하에서 언급할 ECR 및 ICP와 비교하여 플라즈마 밀도가 낮다.

0.8 μm 공정인 4 M 비트 DRAM에서는 자기장과 마이크로파에 의한 전자 사이크로트론 공조를 이용하여 고밀도 플라즈마를 발생시키

는 ECR 플라즈마 식각장치가 도입되었다. 히타치(Hitachi)사가 양산 장치로서 실용화시키고, 1985년 시장에 투입하였다. 저압에서 고밀도 플라즈마를 얻을 수 있으며, 플라즈마 형성과 별도로 이온 에너지 제어가 가능하여 미세 가공에 적합한 뛰어난 특징을 가지고 있으며 게이트 가공이나 Al 배선용의 매엽식 고밀도 플라즈마 식각 장치로서 한 세대를 좌우하였다. 이 방식을 히타치에서는 유자장(有磁場) 마이크로파 플라즈마라고 부르고 있지만, 넓은 의미로는 ECR 플라즈마의 범주에 들어가기 때문에 본서에서는 ECR 플라즈마라고 표기하기로 한다.

ECR 플라즈마 식각장치는 강한 자계(磁界)를 형성하기 위해 큰 전자 코일이 필요하며 이는 반응기(Chamber)를 소형화 시킬 수 없다는 문제점이 있었다. 그로 인하여 등장한 것이 ICP 형태의 식각장치이다. 반응기의 상부에 간단한 코일을 배치시키고, 전자유도로 고밀도 플라즈마를 발생시키는 방식이다. 큰 전자 코일이 없어도 ECR과 동일 수준의 플라즈마 밀도를 얻을 수 있는 것과 ECR과 비슷하게 플라즈마 형성과는 독립적으로 이온 에너지 제어가 가능한 특징으로부터 다음 세대의 고밀도 플라즈마 매엽식 식각장치로 자리매김하게 되었다. ICP type의 대표적인 장치는 LAM Research사가 1992년 시장에 내 놓은 TCP(Transformer Coupled Plasma) 플라즈마 식각장치이다.

현재, 게이트 재료나 Si, Al 배선과 같은 전도성 재료의 미세가공을 위해서 ECR나 ICP 같은 고밀도 플라즈마 식각장치가 사용되고 있다. 한편, 고밀도 플라즈마는 3장에서 언급한 것처럼 SiO_2의 식각에는 적합하지 않기 때문에 SiO_2의 식각을 위해서는 CCP type으로 전극간 거리를 25~30 mm 정도로 가깝게 한 Narrow Gap 평행평판형이라고 불리우는 중밀도 플라즈마의 식각장치나 앞에서 언급한 마그네트론 RIE가 사용되고 있다.

이상 언급한 것처럼 패턴 가공기술로서 CCP의 Batch 방식에서부터 시작된 건식 식각기술은 그 후에 기판의 대구경화(大口徑化), 패턴의 미세화의 과제에 대응하기 위하여 여러 가지 변천을 거쳐 오늘에 까지 이르렀다. 대구경화를 위하여 Batch 방식에서 매엽식으로 바꿀 필요가 있었고, 그 때문에 식각속도를 높이는 것, 즉 플라즈마의 고밀도화가 필요하게 되었다. 또한 패턴의 미세가공을 위해 공정 압력을 낮출 필요가 있었다. 그러므로 건식 식각 기술의 역사는 얼마나 저압 영역에서 고밀도 플라즈마를 만들 수 있느냐를 목표로 한 기술혁신의 역사라고 말해도 과언이 아니라 하겠다.

다음 절 이하에서는 LSI의 제조에 사용되고 있는 건식 식각장치에 대하여 상세하게 설명한다.

4.2 원통형(배럴형, Barrel Type) 플라즈마 식각장치

그림 4-1과 **그림 4-2**에는 배럴형(원통형) 플라즈마 식각장치의 단면도를 나타내었다. 배럴형 플라즈마 식각장치는 원통형의 석영관 주위에 전자유도 코일(그림 4-1), 또는 한 쌍의 용량결합 전극을 설치하여(그림 4-2), 13.56 MHz의 RF power를 인가하는 것으로 플라즈마를 생성시키는 방식이다.

그림 4-1의 형태는 유도결합으로 플라즈마를 형성시키는 것이며, 4-2의 형태는 용량결합으로 플라즈마를 형성시키는 것이다. 석영관 내부에는 50장 정도의 기판을 위치시키고, 이 다수의 기판을 동시에 플라즈마 처리한다. 공정 압력은 10~10^3 Pa이며, 식각은 라디칼 반응에 의하여 행하기 때문에 등방성 식각이 진행된다. 배럴형 플라즈마 식각장

치는 습식 식각을 대체하기 위하여 처음으로 반도체 제조공정에서 사용된 장치이지만, 등방성 식각이기 때문에 가공 정밀도가 요구되지 않는 레지스트의 에싱(Ashing), 기판 후면막 제거, 본딩 패드(Bonding Pad)부의 절연막 식각 등의 공정에서 사용되었다. 현재는 주로 레지스트의 에싱공정에 사용되고 있다.

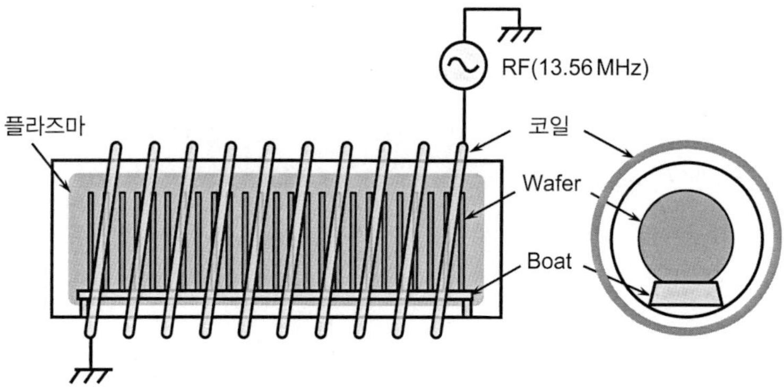

그림 4-1 배럴(원통)형 플라즈마 식각장치(유도 결합형)

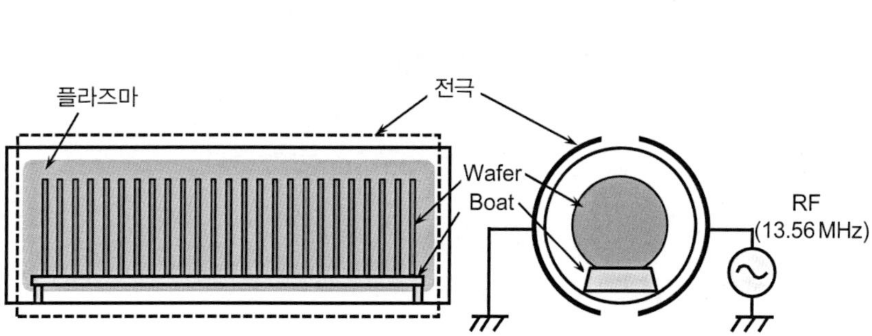

그림 4-2 배럴(원통)형 플라즈마 식각장치(용량 결합형)

4.3 CCP 플라즈마 식각장치

그림 4-3은 CCP 플라즈마 식각장치의 단면도를 나타낸다. CCP(용량 결합형 플라즈마)는 Capacitively Coupled Plasma의 약어로서 평행하게 설치된 한 쌍의 전극 사이에 RF Power를 인가하는 것으로 플라즈마를 발생시키는 방식이다. 이 형태의 식각장치는 평행평판형 플라즈마 식각장치 또는 RIE라고 불리며, 본격적인 패턴 가공 기술로서 최초로 반도체 제조 공정에서 사용된 장치이다.

당시에는 Poly-Si, 절연막, Al 배선 등의 재료 가공에 널리 사용되었지만, 그 후에는 Poly-Si이나 Al 배선 가공을 위하여 ECR과 ICP같은 고밀도 플라즈마 식각장치가 사용되게 되어, 현재는 SiO_2의 가공에 주로 CCP 플라즈마 식각장치가 사용되고 있다. SiO_2의 식각장치로서는 전

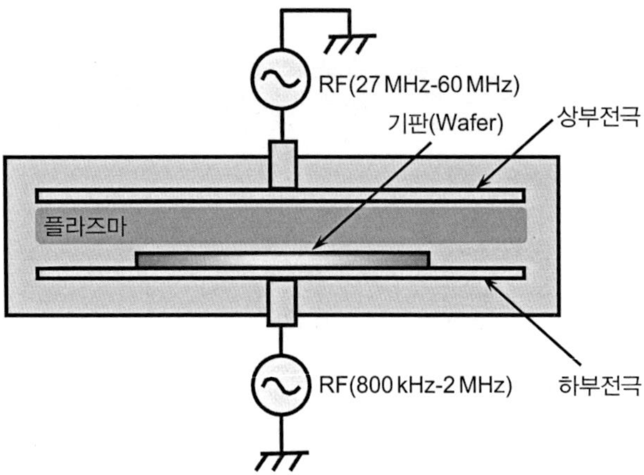

그림 4-3 CCP 플라즈마 식각장치

극 간격을 25~30 mm 정도로 좁은 Narrow gap 평행평판형이라고 불리는 장치가 사용되고 있다. 동작 압력으로는 초기에 100~200 Pa 부근의 비교적 높은 영역이 사용되었지만, 가공 정밀도를 높이기 위하여 점점 낮은 압력 영역에서 사용하게 되었고, 현재는 1 Pa 부근까지 저압화되었다. 플라즈마 밀도는 10^{10} cm^{-3}대이다. RF는 일반적으로 저주파와 고주파의 2개의 주파수가 인가되고, 고주파는 26 MHz~60 MHz, 저주파는 800 KHz~2 MHz가 일반적으로 사용된다. 고주파는 주로 플라즈마 생성으로 저주파는 이온 에너지 제어용으로 주로 사용된다. Narrow Gap 평행평판형 식각장치의 대표적인 예로서는 LAM Research사나 TEL(Tokyo Electron)사의 장치가 있다. **그림 4-4**는 LAM Research사의 2300 Exelan의 장치 단면도를 나타낸다.[1)]

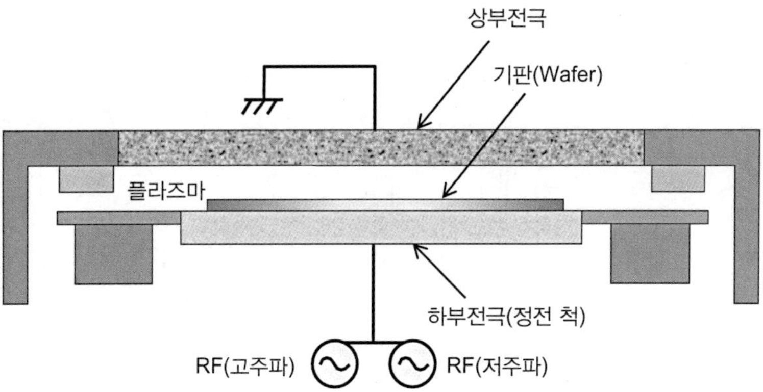

그림 4-4 LAM Research 2300 Exelan[1)]

4.4 마그네트론 RIE

마그네트론 RIE는 전계와 자계의 상호작용으로 전자를 사이클로이드(Cycloid) 운동을 시켜 고밀도 플라즈마를 얻는 방식이다. 장치의 구성은 평행평판의 RIE에 영구자석 또는 전자 코일로 형성된 자계를 부가한 것이다. 마그네트론 RIE의 대표적인 장치로서는 TEL사의 DRM(Dipole-Ring Magnet)이 있다. 장치의 단면도를 **그림 4-5**에 나타내었다.[2)] **그림 4-6**은 마그네트론 방전의 원리를 나타낸 것이다. 시스의 전계(E)에 직교하는 방향, 즉 하부전극과 평행한 전계(B)를 부여하면 전자는 전자계에 의한 Lorenz힘 $E \times B$을 받아서 전계와 자계의 직각 방향으로 사이클로이드 곡선을 그리면서 이동한다. 이렇게 하여 충돌 확률이 증가하기 때문에 고밀도 플라즈마가 생성된다. 마그네트론 RIE의 동작 압력 영역은 1 Pa 전후이며, 플라즈마 밀도는 10^{10} cm^{-3}대

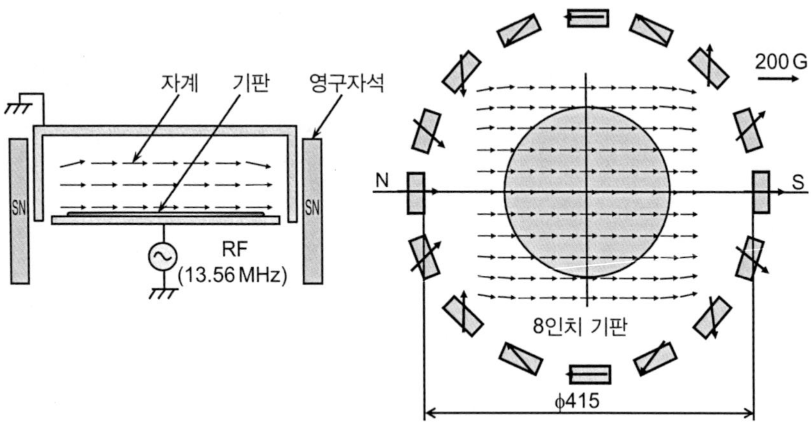

그림 4-5 DRM(Dipole-Ring Magnet)[2)]

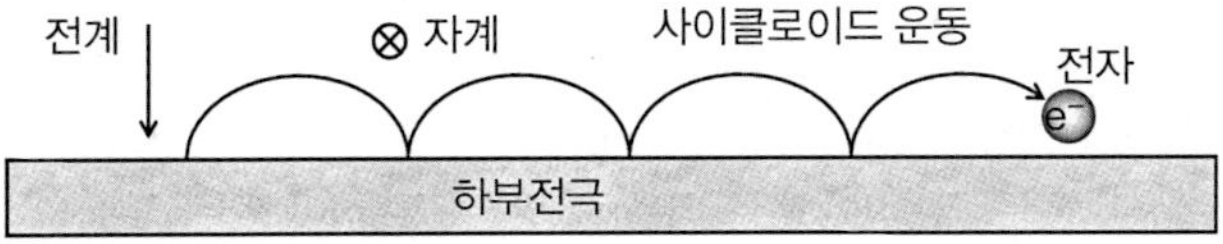

그림 4–6 마그네트론 방전 원리

이다.

마그네트론 방식은 저압에서도 고밀도의 플라즈마를 생성 가능한 것이 특징이지만, 하나의 RF 전원으로 플라즈마의 형성과 이온 에너지의 제어를 행하기 때문에 이온 에너지를 플라즈마 형성과는 별개로 제어가 불가능한 것과 사이클로이드 운동에 의한 전자가 한쪽 방향으로만 치우치기 때문에 균일한 플라즈마를 형성시키는 것이 상당히 어려운 결점을 가지고 있다. 후자는 식각속도의 불균일성과 Charge-up에 의한 게이트 산화막의 파괴와 같은 문제점을 일으킨다.[3] 식각속도에 관하여서는 자석을 주사(走査, Scanning)하거나 회전시켜 균일성을 높이는 것이 가능하다. 하지만, Charge-up에 관해서는 정지자계(靜止磁界)로 게이트 산화막을 파괴하는 것은 회전자계(回轉磁界)로 하여도 제거하는 것은 불가능하다. 마그네트론 RIE에서도 자기장을 최적화 하는 것으로 게이트 산화막 파괴를 방지 가능하다는 것이 보고 되었지만,[4] 기판의 대구경화가 진행되면 진행될수록 균일한 플라즈마를 얻는 것이 어렵게 되어 점점 적용 공정이 감소되고 있다.

4.5 ECR 플라즈마 식각장치

ECR 플라즈마 식각장치는 저압에서 고밀도 플라즈마를 얻을 수 있으며, 플라즈마 형성과 독립적으로 이온 에너지 제어가 가능하는 등 미세 가공에 적합한 우수한 특징을 가지고 있다. Hitachi사가 실용화 시킨 양산장치는 게이트 가공이나 Al 배선용의 매엽식 고밀도 플라즈마 식각장치로서 한 세대를 풍미하였다. ECR은 Electron Cyclotron Resonance의 약어로서 전자 사이클로트론 공조를 의미한다.

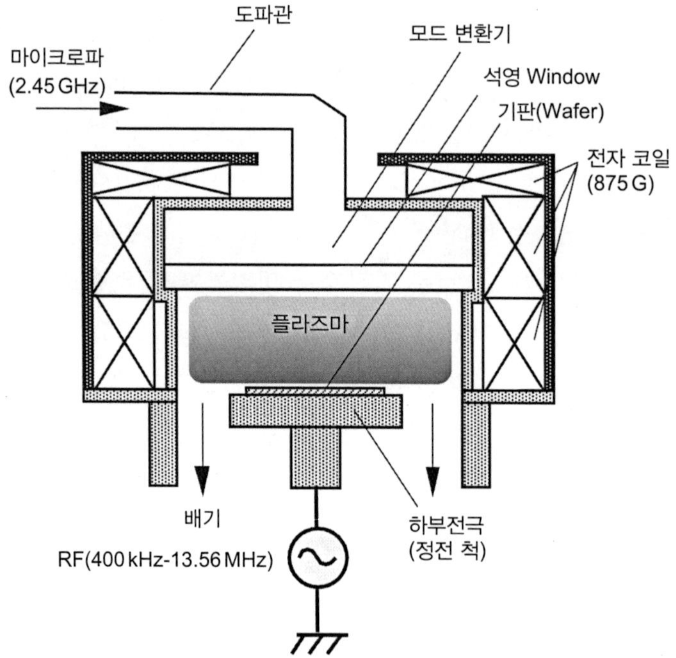

그림 4-7 ECR 플라즈마 식각장치[5)]

그림 4-7은 ECR 플라즈마 식각장치의 처리실 구성을,[5)] 그리고 **그림 4-8**은 ECR 플라즈마의 생성 원리를 각각 나타낸다. 마그네트론으로부터 발진하는 2.45 GHz의 마이크로파는 도파관 내를 전파하여 석영 window를 통해서 식각 반응기 내에 도입된다. 반응기(Chamber)의 주위에는 전자 코일이 설치되어 있어서 마이크로파에 의한 전계와 그것으로 인하여 수직방향으로 형성된 자계로 인해 전자는 사이클로트론 운동을 행한다. 마이크로파의 주파수가 2.45 GHz의 경우, 자속밀도를 875 G라고 하면 전자 사이클로트론 공조가 발생하여 충돌확률이 증가하기 때문에 낮은 압력에서도 고밀도의 플라즈마의 형성이 가능하다. 동작압력은 1 Pa 전후여서 이 압력 영역에서 10^{11} cm^{-3} 이상의 고밀도 플라즈마를 얻을 수 있다. 또, 하부전극에 인가하는 RF 전원에 의하

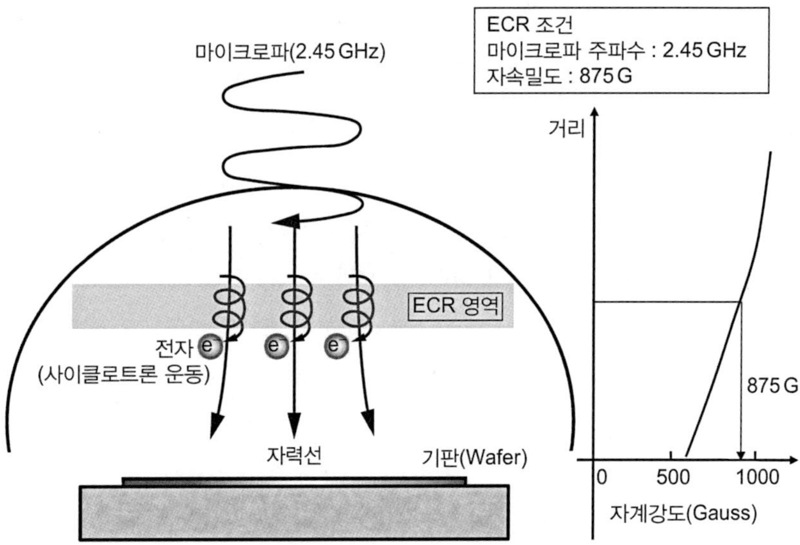

그림 4-8 ECR 플라즈마 생성원리

여 플라즈마 형성과는 별도로 이온 에너지의 제어가 가능하기 때문에 정밀한 형상 제어가 가능하다. 단지, ECR 플라즈마는 자계를 사용하기 때문에 조건에 따라서는 Charge-up 손상을 일으키는 경우가 있다. 이에 대하여서는 하부전극에 인가하는 RF 주파수를 낮추는 것으로 대책이 가능하다.[3] 상세하게는 다음 장에서 논한다.

Hitachi사는 그 후에 마이크로파를 대신하여 주파수가 약 1/5인 UHF대를 사용하여 자계도 약 1/5로 감소시킨 UHF−ECR을 개발하였다.[6] 자계를 작게 하는 것으로부터 장치를 간단하게 만들 수 있고, 또한 Charge-up 손상에 의한 리스크를 낮추는 것이 가능한 특징을 가진다.

4.6 ICP 플라즈마 식각장치

ICP는 Inductively Coupled Plasma(유도 결합형 플라즈마)의 약자로서 이 방식의 건식 식각장치로는 LAM Research사의 TCP(Transformer Coupled Plasma) 플라즈마 식각장치와 Applied Materials사의 DPS(Decoupled Plasma Source)[8]가 있다. **그림 4-9**는 TCP 플라즈마 식각장치의 단면도를[7], 그리고 **그림 4-10**은 TCP 플라즈마의 생성 원리를 나타낸다. 반응기 상부의 절연 플레이트(TCP Window) 위에는 소용돌이 형태의 유도코일(TCP Coil)이 설치되어 있고, 코일에는 13.56 MHz의 플라즈마 생성용 RF 전원(Source Power)이 접속되어 있다. TCP 코일에 고주파 전류를 흘리면 자계가 여기(勵起)된다. 이 자계에 의해 반응기내에 전계가 여기되어, 고밀도 플라즈마가 생성된다. 하부전극에는 13.56 MHz의 이온 에너지 제어용 RF 전원(Bottom Power)이 연결되어 있어서 플라즈마 형성과 독립적으로 이온 에너지를 제

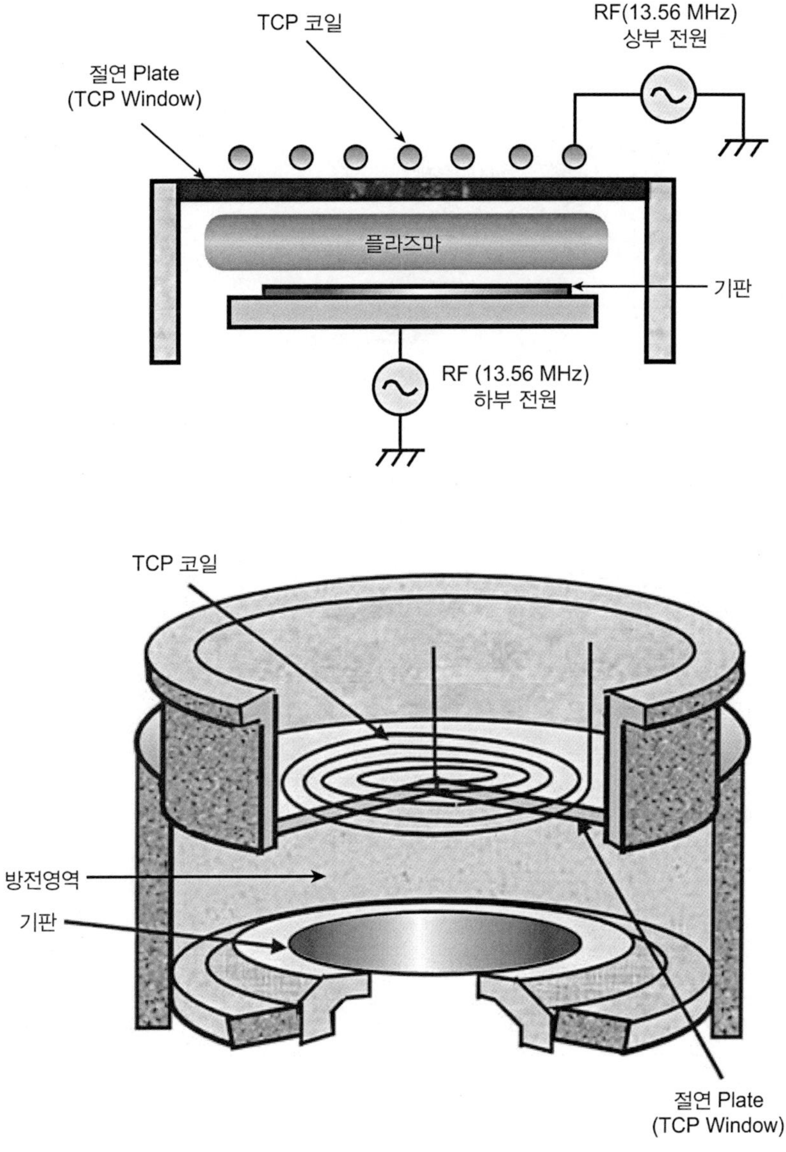

그림 4-9 TCP 플라즈마 식각장치[7)]

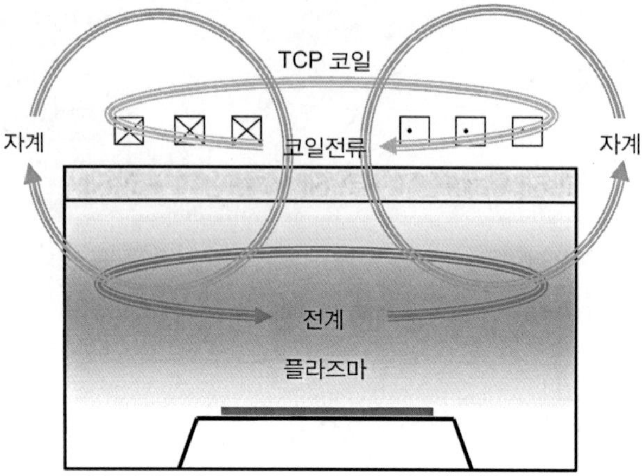

그림 4-10 TCP 플라즈마 생성원리

어하는 것이 가능하다. 공정 압력은 1 Pa 전후이며, 이 압력영역에서 10^{11} cm^{-3} 이상의 고밀도 플라즈마가 얻어진다.

ICP 플라즈마 식각장치는 ECR 플라즈마 식각장치와 같은 큰 전자 코일은 없지만, 고밀도 플라즈마를 얻을 수 있기 때문에 현재, 게이트, Si(STI 등), Al 배선 등의 전도성 재료의 가공에 주로 사용되는 식각장치가 되어 있다.

4.7 건식 식각장치의 실례

건식 식각장치의 실례로서 LAM Research사의 2300시리즈 설비의 사진을 **그림 4-11**에 나타내었다. 이 장치는 300 mm 및 200 mm 기판 대응을 위한 매엽식 건식 식각장치이며, Si이나 Al 같은 전도성 재료의 식

그림 4-11 식각장치의 외관(LAM Research 2300 시리즈)

각에 사용되는 TCP 플라즈마 소스 및 SiO_2와 같은 절연막 재료의 식각에 사용되는 CCP 플라즈마 소스 둘 다에 적용 가능한 플랫폼(platform)으로 구성되어 있다. 사진의 오른쪽은 식각설비의 전면으로서 여기에 기판의 로딩 및 언로딩(Loading & Un-loading) 부가 있다. 사진의 왼편 안쪽에 있는 것이 식각 반응기(Etching Chamber)이다.

현재, 반도체 생산에 사용되고 있는 건식 식각장치는 처리량(Throughput) 확보를 위하여 하나의 플랫폼에 여러 대의 반응기가 장착된 다중 반응기(멀티 챔버, Multi Chamber) 방식이 일반적이다. **그림 4-12**는 멀티 챔버 부분의 사진을 나타낸다. 이 설비에서는 최대 4대의 챔버(반응기) 장착이 가능하고, 4 챔버 모두 동일 플라즈마 소스를 사용할 수 있

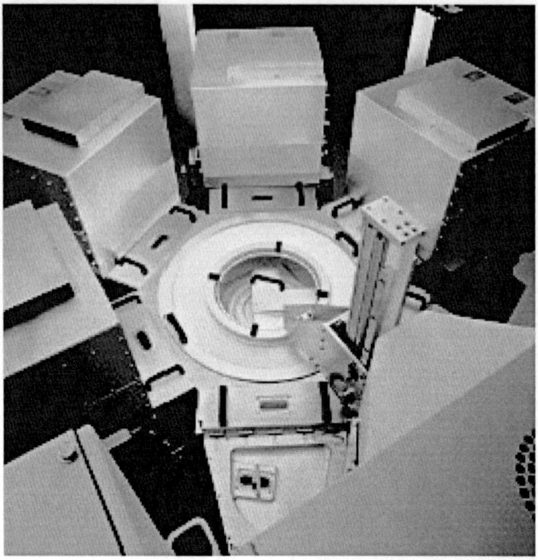

그림 4-12 다중 반응기(Multi-Chamber system)

는 것은 물론이며, TCP와 에셔(Asher) 또는 TCP와 CCP를 동일 플랫폼에 장착이 가능하도록 되어 있다.

4.8 정전 척(ESC, Electrostatic Chuck)

마지막으로 건식 식각장치 중에서 중요한 역할을 담당하고 있는 정전 척에 대하여 설명한다. 정전 척의 영어 표기는 Electro-Static Chuck이며, ESC라고 불린다. 현재의 식각장치에서는 정전 척을 하부 전극으로 사용하는 것이 일반적으로 되어 있다.

식각의 진행과 함께 기판은 플라즈마에 의하여 가열되어 온도가 상승한다. 3장 3.1절에서 언급한 것처럼 식각 형태나 CD는 반응 생성물이 패턴 측벽으로 재 부착되는 것에 크게 영향을 받는다. 반응 생성물의 부착 확률은 온도에 강하게 의존하기 때문에 고 정밀도를 요구하는 식각의 경우에는 기판의 온도제어가 필요하다. 정전 척은 정전기의 힘을 이용하여 기판을 밀착시켜 식각 중에 기판의 온도를 일정하게 유지시키는 역할을 한다. 기판을 전극으로 밀착시키는 방법으로는 예전에는 기계적인 집게(Mechanical Clamp)를 사용하였다. 기계적 집게는 기판의 주변을 집게(Clamp)로 물리적으로 누르는 것으로 기판을 전극에 밀착시킨다. 그렇기 때문에 기판의 중앙부위의 밀착이 불충분하고, 집게가 누르는 부분은 식각이 되지 않는 등의 문제가 있었다. 정전 척은 이러한 문제를 회피하는 것이 가능하며, 오늘날에는 기판을 밀착시키는 방법으로서 널리 사용되고 있다.

4.8.1 정전 척의 종류 및 흡착원리

정전 척을 구조상으로 분류하면, 모노폴라(단극자)형과 바이폴라(쌍극자)형의 2종류로 분류된다. **그림 4-13**은 정정 척의 단면 구조 및 흡착 원리를 나타낸다. 정전 척의 원리를 한마디로 표현하라고 한다면 "기판과 전극 사이에 양과 음 전하의 끌어당기는 힘이 작용하여 기판을 전극에 부착시키는 것"이라고 할 수 있다. 모노폴라형의 경우, 기판은 플라즈마로부터 전하를 받아서 흡착된다. 즉, 플라즈마가 없으면 흡착이 불가능하다. 반면, 바이폴라형의 경우, 기판은 내부에서 분극하여 흡착되기 때문에 플라즈마 없이도 흡착이 가능하다.

더욱이, 정전 척은 재료의 전도성의 차이에 의하여 쿨롱력형 정전 척과 존슨-라벡형 정전 척의 2가지 방식으로 분류된다. 각각의 단면도를

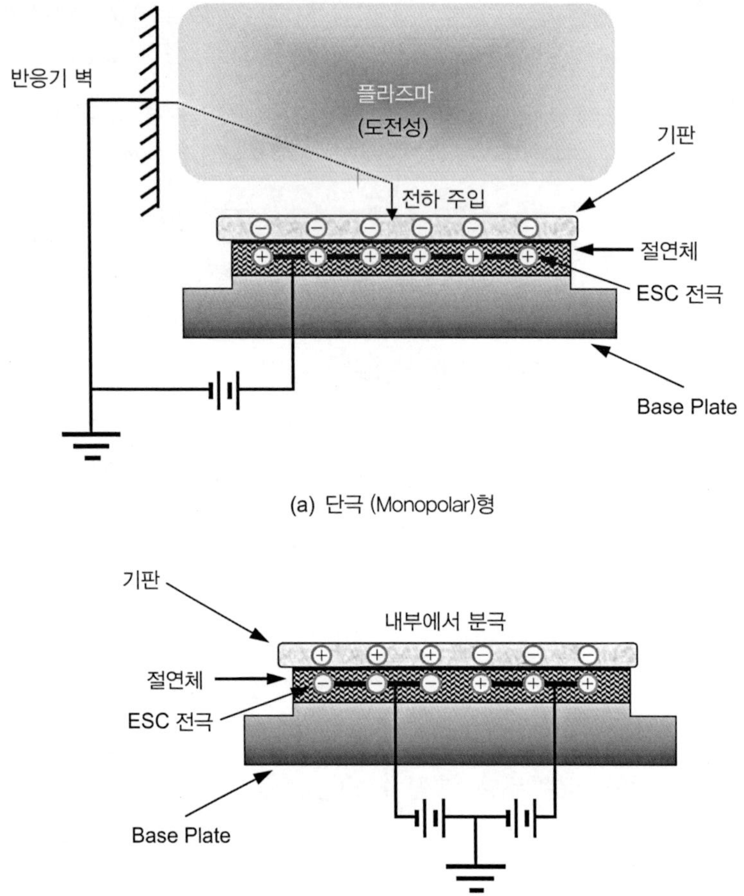

그림 4-13 정전 척의 종류

그림 4-14(a) 및 그림 4-14(b)에 나타내었다. 쿨롱력 정전 척은 기판과 ESC 전극이 비전도성의 절연체로(저항율 >10^{15} Ω · cm) 막혀 있고, 전하의 이동은 없다. 절연체로서는 알루미나 세라믹, 폴리이미드 등이 사

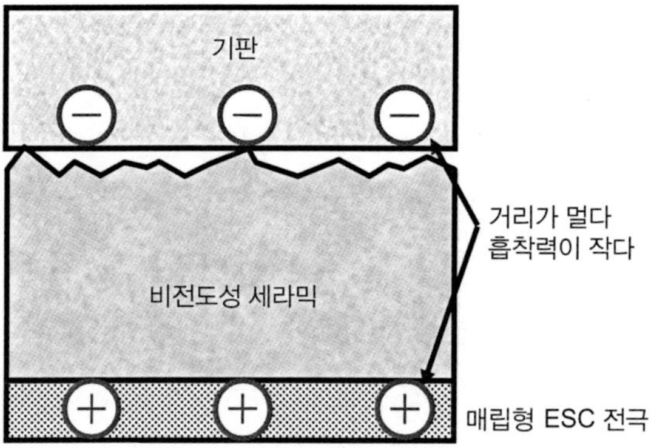

(a) 쿨롱력형 정전 척

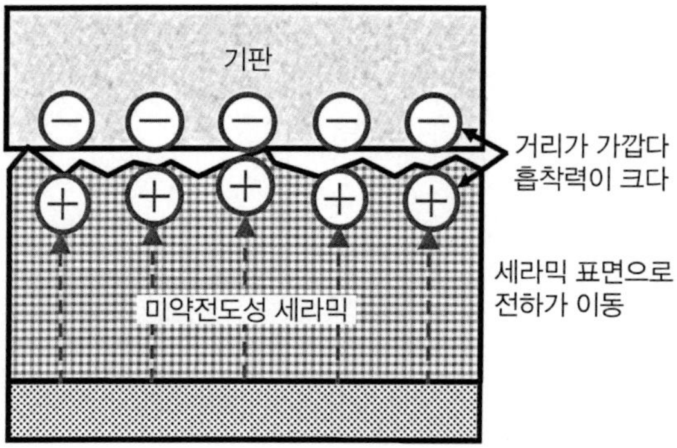

(b) 존슨-라벡형 정전 척

그림 4-14 정전 척의 종류(흡착원리로 분류)

용된다. ESC 전극에 3000 V 정도의 고전압을 인가하면 기판 후면에 반대 극성의 전하가 유도되어 이 전하간에 발생하는 쿨롱력에 의해 기판이 흡착된다. 쿨롱력 정전 척은 전하의 이동이 없어서 흡착, 탈착의 반응성이 우수하다. 하지만 흡착력이 작아서 흡착을 위해 고전압이 필요하다. 또한, 저항률의 온도 의존성이 없다.

존슨-라벡형 정전 척은 기판과 ESC 전극 사이에 어느 정도의 전기 전도성을 가진 재료(저항율 >$10^{9\sim12}$ Ω · cm)를 투입한다. 재료로서는 알루미나 세라믹에 티타니아(TiO_2) 등의 불순물을 첨가한 것이 사용된다. ESC 전극에 전압을 인가하면 전하가 세라믹 내를 이동하여 표면 근방으로 모이기 때문에 정부(正負, 플러스 마이너스) 전하간의 거리가 가까워져 흡착력이 커지는 특징이 있다. 반면, 전하의 이동 시간이 필요하기 때문에 흡착, 탈착의 반응성이 쿨롱력형 정전 척과 비교하면 나쁘다. 또한, 저항률의 온도 의존성이 있다.

그림 4-15에는 쌍극자 존슨-라벡형 정전 척의 경우, 전압인가의 진행순서 실례를 나타낸다. 실선은 정(+)전극으로 파선은 부(-)전극으로의 인가 전압을 각각 나타낸다. 각각의 전극에 1000 V 정도의 전압을 인가하는 것으로 세라믹 표면에 전하가 이동하여 기판의 후면 쪽으로

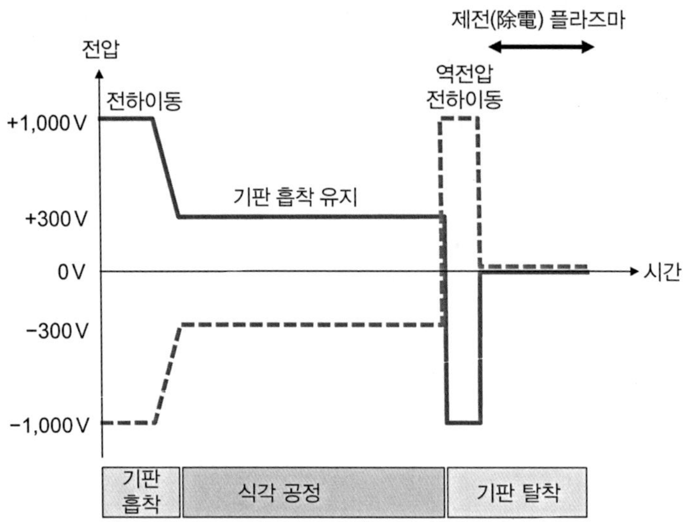

그림 4-15 전압 인가 순서(쌍극 존슨-라벡형 정전 척의 예)

역(逆) 극성의 전하가 유도된다. 이 정부(플러스 마이너스)의 전하가 서로 잡아 당기는 것으로부터 기판이 흡착된다. 식각공정 중에는 300 V 정도의 전압으로 기판은 흡착이 유지된다. 기판의 탈착은 1000 V 정도의 역전압을 인가하여 전하를 세라믹 표면으로부터 없애는 것으로 행해진다. 일반적으로는 탈착 진행 시에 잔류 전하를 제거하기 때문에 제전(除電) 플라즈마를 사용한다.

4.8.2 기판의 온도제어 원리

기판의 온도제어는 온도제어가 가능한 하부전극(정전 척)과 기판의 뒷면을 접촉시켜서 간접적으로 열 전달이 이루어진다. **그림 4-16**은 그 원리를 나타낸다. 칠러(Chiller, 냉각장치)로부터 냉매를 순환시키는 것으로 정전 척은 일정한 온도를 유지시킨다. 정전 척으로부터 기판으로 열 이동은 물리적인 접촉으로는 불충분하기 때문에 기판과 정전 척의 사이에는 He 가스를 채워서 열전도를 돕는다. He 가스는 공기나 식각 가스보다 가볍고 분자이동의 속도가 빠르기 때문에 기판과 하부전극 사이를 왕래하여 열 에너지를 운반한다. He가스의 열 전도율은 공기나 식각가스보다 약 6배 정도되기 때문에 효율 좋게 온도 전달이 가능하다.

식각형상과 CD(Critical Dimension)는 반응 생성물이 어떤 형태로 패턴 측벽에 재부착되는지에 따라 크게 좌우된다. 반응 생성물의 부착 확률은 온도에 강하게 의존한다. 따라서, CD 및 식각형상의 기판 면내 균일성을 좋게 하기 위해서는 기판 면내의 온도분포 제어가 중요하다. 그 때문에 최근에는 3장의 3.1.2에서 언급한 것처럼 기판 면내의 온도분포 제어 기능을 추가한 정전 척이 개발되었다.[9),10)]

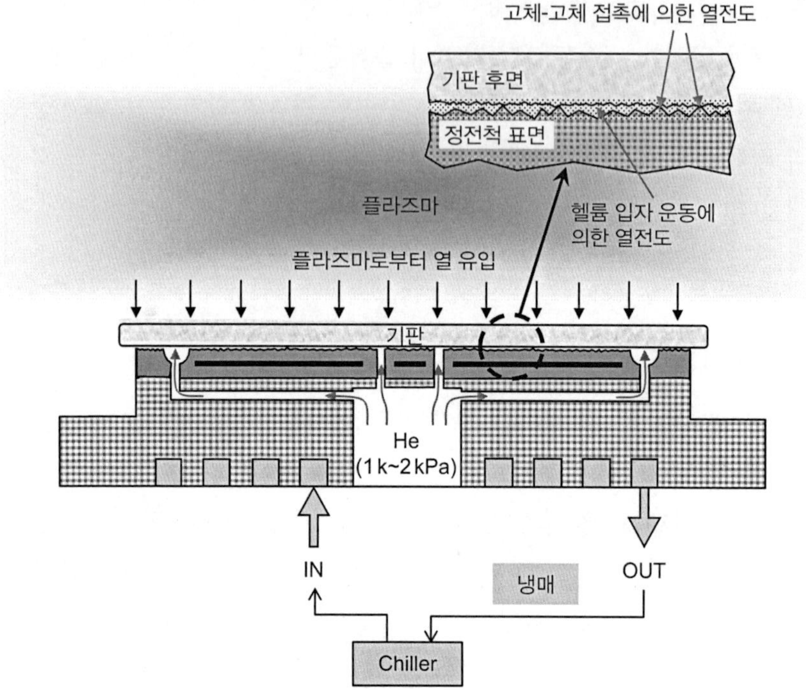

그림 4-16 기판(Wafer) 온도 제어 원리

[참고문헌]

1) 野尻一男: Electronic Journal 90th Technical Symposium, p.89 (2004).
2) M. Sekine, M. Narita, S. Shimonishi, I. Sakai, K. Tomioka, K. Horioka, Y. Yoshida & H. Okano: Proc. Symp. Dry Process, p.17 (1993).
3) K. Nojiri & K. Tsunokuni: J. Vac. Sci. Technol. B **11**, 1819 (1993).
4) S. Nakagawa, T. Sasaki & M. Mori: Proc. Symp. Dry Process, p.23 (1993).
5) K. Nojiri, N. Mise, M. Yoshigai, Y. Nishimori, H. Kawasaki, T. Umezawa, T. Tokunaga & T. Usui: Proc. Symp. Dry Process, p.93 (1999).

6) N. Negishi, M. Izawa, K. Yokogawa, Y. Morimoto, T. Yosida, K. Nakamura, H. Kawahara, M. Kojima, K. Tsujimoto & S. Tachi: Proc. Symp. Dry Process, p.31 (2000).
7) J. B. Carter, J. P. Holland, E. Pelzer, B. Richardson, E. Bogle, H. T. Nguyen, Y. Melaku, D. Gates & M. Ben-Dor: J. Vac. Sci. Technol. B **11**, 1301 (1993).
8) 深町輝昭: Electronic Journal 24th Technical Symposium, p.81 (1999).
9) C. Lee, Y. Yamaguchi, F. Lin, K. Aoyama, Y. Miyamoto & V. Vahedi: Proc. Symp. Dry Process, p.111 (2003).
10) S. Hwang and K. Kanarik: Solid State Technol., p.16, July (2016).

5장

건식식각에 의한 손상 (Damage)

건식식각 기술은 LSI 제조 공정에 있어서 핵심기술이며, LSI의 고 집적화는 기술의 진전이 없이는 있을 수 없다라고 해도 과언이 아니다. 하지만, 공정 중에 플라즈마가 사용되는 한 디바이스는 고 에너지 입자나 하전입자(Charged Particle)에 의하여 여러 가지 손상을 받기 때문에 손상이 큰 경우는 LSI의 수율과 신뢰성이 저하된다.

건식식각에 있어서 고려해야 할 만한 손상은 **그림 5-1**에서 나타낸 것처럼 (1) 이온 충격에 의한 Si 표층부의 결정결함 형성과 불순물의 침투, (2) 하전입자에 의한 충전(Charge-up), (3) 고 에너지 포톤에 의한 중성 트랩의 형성 등이 있다. 디바이스의 미세화가 진행됨에 따라 점점 심각해지고 있는 것이 Si 표층부에 형성되는 손상으로 DRAM의 전하보유 특성의 열화, 접촉 저항의 증대 및 Charge-up에 의한 게이트 산화막의 파괴이다. 특히, 본 장에서는 디바이스에 심각한 영향을 미치고 있는 손상에 대하여 그 현상을 정리하고, 근본원인 및 감소 대책에 대하여 설명한다. 그리고, 이와 같은 손상이 디바이스 특성에 미치는 영향에 대하여 정리하였다.

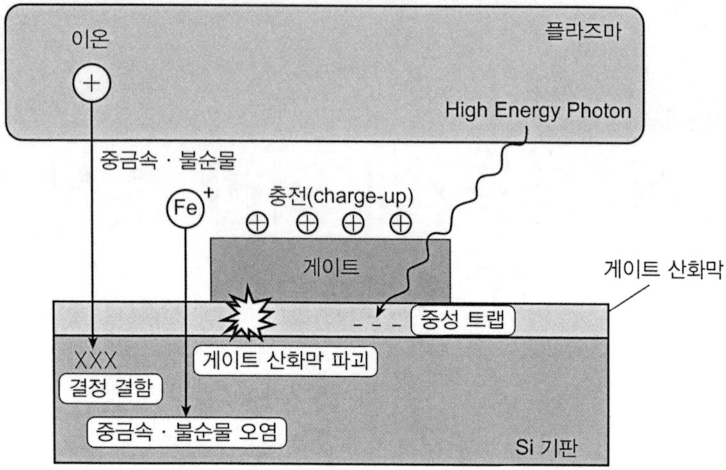

그림 5-1 건식식각에 의해 발생되는 각종 손상

5.1 Si 표층부에 있어서의 손상

건식식각은 챔버나 전극으로부터의 스퍼터(Sputter) 또는 화학반응으로 플라즈마 안으로 방출된 중금속 등의 불순물이나 식각가스의 구성 입자 자체가 이온의 형태로 Si 기판에 주입이 된다. 플루오로 카본계의 가스를 사용하는 SiO_2 식각의 경우, C와 F는 표면으로부터 거의 10 nm 이내의 영역에 머물러 있지만,[1] H는 비교적 깊이 침투한다. $CF_4 + H_2$를 이용한 RIE의 경우에는 H가 50 nm의 깊이까지 존재하고 있는 것이 보고 되었다.[2] **그림 5-2**는 Narrow 평행평판형 식각장치에 의해 손상을 입은 Si 표층부를 고 분해능 투과형 전자 현미경(High-Resolution Transparent Electron Microscopy, HR-TEM)을 이용하여 해석한 결과

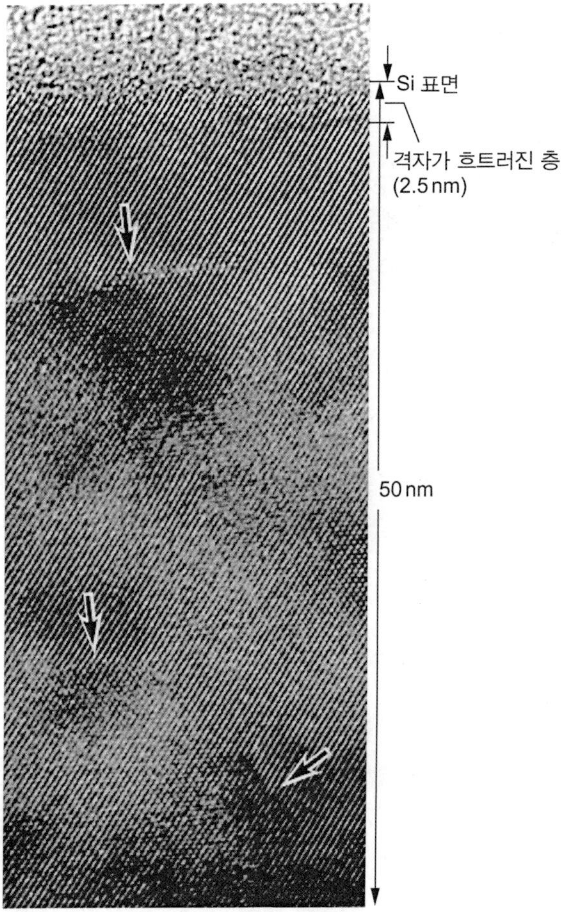

그림 5-2 플라즈마 손상을 받은 Si 결정 표면층의 고분해능 투과형 전자현미경사진. 화살표는 결정 결함을 나타낸다.[3)]

를 나타낸다.[3)] 식각 시의 V_{pp}(고주파의 peak to peak 전압)는 2.5 kV이다. 표면으로부터 약 2.5 nm의 깊이까지는 결정이 무질서한 층이 있다. 그리고, 결정결함은 50 nm의 깊이까지 존재하는 것을 알 수 있다.

결함의 분포 깊이를 보면, 이 결정 결함은 Si 결정 중에 침입한 수소와 관계가 있을 것으로 예상된다. 이 샘플의 표면을 AFM(Atomic Force Microscopy)로 관찰한 결과를 **그림 5-3**에 나타내었다.[3] 플라즈마 처리를 하지 않은 샘플의 표면요철이 0.5 nm 정도인 것과 비교하여 플라즈마 처리를 한 샘플의 표면에는 2.5 nm의 요철이 형성되어 있다.

중금속 오염이나 결정결함은 DRAM의 전하보유 특성의 열화, 접합 리크(Leak) 전류 증가 등의 불량을 일으킨다. 이것은 주로 중금속 오염에 의해 Si 기판내의 GR 센터(Generation Recombination Center)가 형성되기 때문에 발생하는 것이다. 대책으로는 먼저 챔버 내의 중금속 오염원을 제거하는 것이 중요하다. 즉, 챔버 내에서 플라즈마와 접촉되는 부분이 스테인리스 등과 같은 중금속 오염원이 되는 재료를 사용하지

수평방향 Scale: 0.2 μm/div.
수직방향 Scale: 3.0 nm/div.

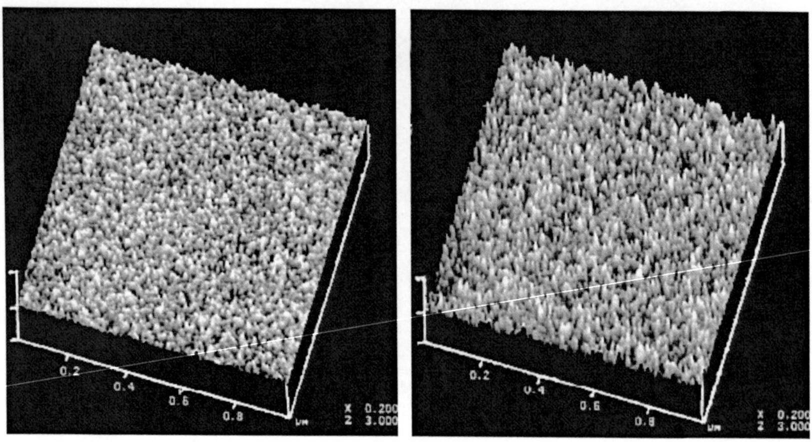

(a) 플라즈마 처리 하지 않은 Si 결정 표면 (b) 플라즈마 손상을 입은 Si 결정 표면

그림 5-3 플라즈마 처리 유무에 따른 Si 결정 표면의 AFM 이미지[3]

않는 것과 석영이나 Al을 이용하는 경우에도, 고순도의 재료를 사용할 필요가 있다. 다음 대책으로는 이온 에너지를 감소시키는 것이 효과적이다. **그림 5–4**는 ECR 플라즈마에 의한 SiO_2 식각에 있어서 소수 캐리어의 lifetime과 최대이온 가속전압(V_{max})과의 관계를 나타낸 것이다.[4] 결과로부터 알 수 있듯이 V_{max}을 300 V 이하로 설정하면 Lifetime의 저하는 거의 없음을 알 수 있다.

디바이스의 미세화가 진행됨에 따라 점점 중요시 되는 것이 접촉 저항이 증가하는 문제이다. 저항 증대의 원인으로서 예전에는 H의 영향이 거론되었으나, 최근에는 표면 근방에 형성되는 Si–C층[5),6)]과 Si–O층[7)]이 주요 원인으로 생각되고 있다. **그림 5–5**는 Narrow Gap 평행평판형 식각장치로 SiO_2 식각을 행하였을 때, 접촉 저항의 V_{pp} 의존성을

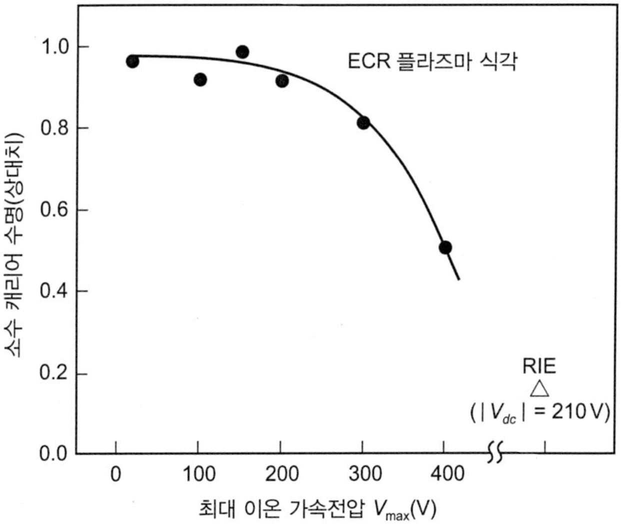

그림 5–4 ECR 플라즈마 식각에 의한 소수 캐리어 수명과 최대 이온 가속전압 (V_{max})과의 관계[4)]

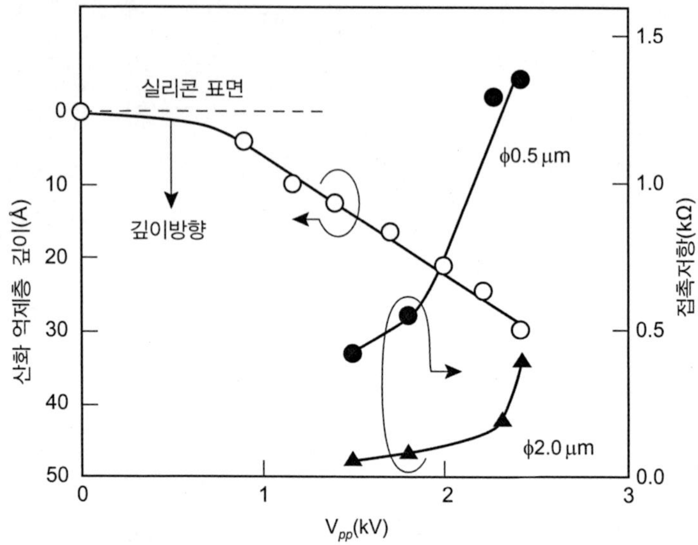

그림 5-5 접촉저항과 산화 억제층 깊이의 V_{pp} 의존성[5)]

나타낸 것이다.[5)] V_{pp}가 2 kV를 넘으면 급격하게 접촉 저항이 증가하는 것을 알 수 있다. 이때 Si−C로 이루어진 산화 제어층의 두께 증가가 관찰되고 있으며, 이것이 접촉저항의 증가 원인으로 생각되고 있다. 대책으로는 이온 에너지의 감소가 효과적이다. 일례로 낮은 이온 에너지에서도 식각이 가능한 ECR 플라즈마에 의해 Si−C층의 형성 억제가 가능한 것이 보고 되었다.[6)]

Si 표층부에 형성되는 이와 같은 손상층(Damage Layer)은 O_2 + CF_4의 Down Flow형 식각장치로 제거하는 것이 가능하다. 하지만, 확산층이 얄아짐에 따라서 표면층을 깎을 수 있는 여유가 없어짐으로, 식각 시에 Si 표면 손상을 최대한 얇게 억제하는 것이 근본 대책이 되었다. 그렇기 때문에 Si 기판이 노출되기 직전, 이온 에너지를 낮추는 등의 대책이 필요하다.

5.2 충전(Charge-up) 손상

게이트 산화막의 박막화가 진행됨에 따라 충전(Charge-up)에 의한 게이트 산화막 파괴는 심각한 문제가 되고 있다. **그림 5–6**은 배럴형 에셔(Asher)에서 부(負, 마이너스)의 충전이 일어나고 있을 때의 게이트 산화막 파괴율과 게이트 산화막 두께와의 관계를 나타낸 것이다.[8] 주요 변수(Parameter)인 ΔV_{FB}는 뒤에서 논하겠지만 MNOS(Metal Nitride Oxide Silicon) 캐패시터의 Flat Band 전압 시프트이며, 충전량을 의미

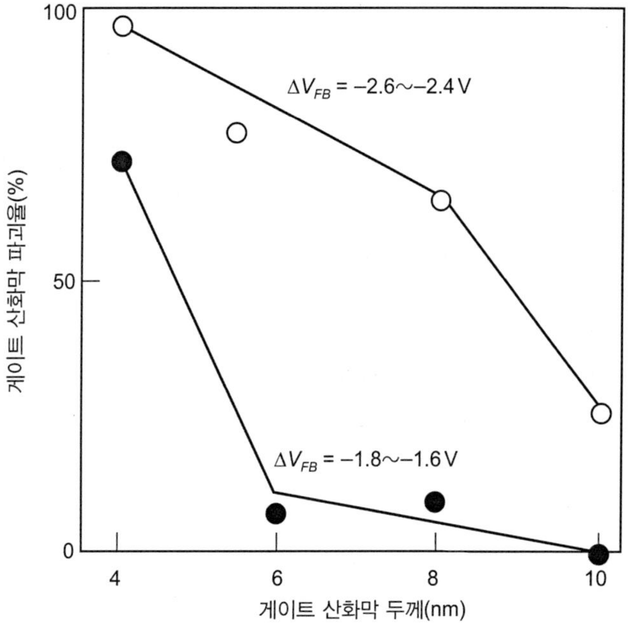

그림 5–6 배럴형 에셔에 있어서 게이트 산화막 파괴율의 게이트 산화막 두께 의존성[8]

한다. 그림으로부터 알 수 있듯이 산화막 두께가 얇게 됨에 따라 파괴율이 증가하는 것을 알 수 있다. $\Delta V_{FB} = -2.6$ V~−2.4 V일 때, 산화막 두께가 4 nm인 게이트는 90% 이상 파괴되었다. 건식 식각공정을 개발할 때에는 이 충전(Charge-up)을 모니터링하고, 게이트 산화막 파괴가 일어나지 않도록 조건 설정을 하거나 장치 및 공정의 개선을 실시할 필요가 있다.

5.2.1 충전 손상의 평가방법

플라즈마 처리에 의해 발생하는 충전(Charge-up)은 MNOS 캐패시터를 사용하여 모니터하는 것이 가능하다.[9] **그림 5-7**(a)는 MNOS 캐패시터의 구조를 나타낸다.[10] 이 MNOS 캐패시터를 플라즈마에 노출하면 게이트 전극이 충전되고, 그 극성에 반응하여 기판으로부터 전자(Electron) 또는 정공(Hole)이 주입되어 Si_3N_4와 SiO_2의 계면에 트랩(Trap)된다. 그 결과 MNOS 캐패시터의 flat band 전압 V_{FB}가 이동하기

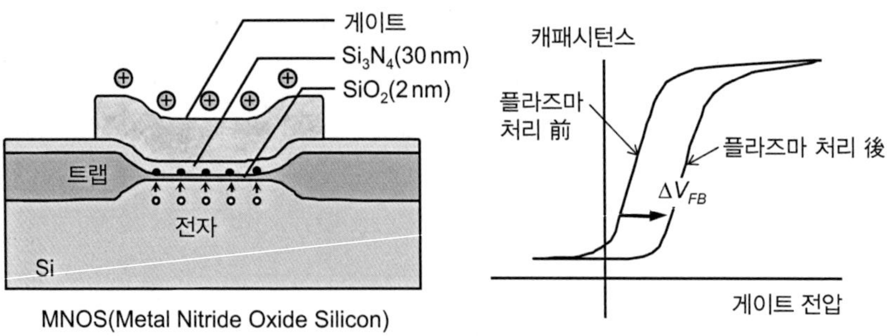

(a) MNOS 캐패시터 구조 (b) C−V Curve

그림 5-7 MNOS 캐패시터 구조와 충전(Charge-up) 평가방법[10]

때문에, 그림 5-7(b)에서 나타낸 것처럼 C-V curve를 측정하여 V_{FB}의 Shift양인 ΔV_{FB}를 조사하는 것으로부터 충전량과 그 극성을 정량적으로 알 수 있다. 그림 5-7의 예에서 보인 것처럼 게이트가 플러스(+)로 충전된 경우, ΔV_{FB}는 양(+)이 된다. 여기에서 주의해야 할 것은 MNOS 캐패시터에서 측정되는 전위 및 극성은 어디까지나 Si 기판에 대한 상대적인 값을 나타내는 것이다. 이에 대하여서는 다음 절의 전위분포 모델(그림 5-10)로 설명한다.

게이트 산화막 파괴평가에는 일반적으로 **그림 5-8**에서 보인 안테나 MOS 캐패시터가 사용된다.[10] 이것은 전하를 모으는 효과가 있는 안테나(Poly-Si)를 게이트에 접속시킨 구조로 되어 있고, 이 안테나로부터 측정 감도를 높이는 것이 가능하다. 여기에서 안테나 비는 r = 안테나

$$\text{안테나 비 } r = \frac{\text{안테나 면적}(S_a)}{\text{게이트 면적}(S_g)}$$

안테나 비 r : 10,000
게이트 면적 S_g : 18 μm^2
게이트 SiO_2 박막 : 9~10 nm

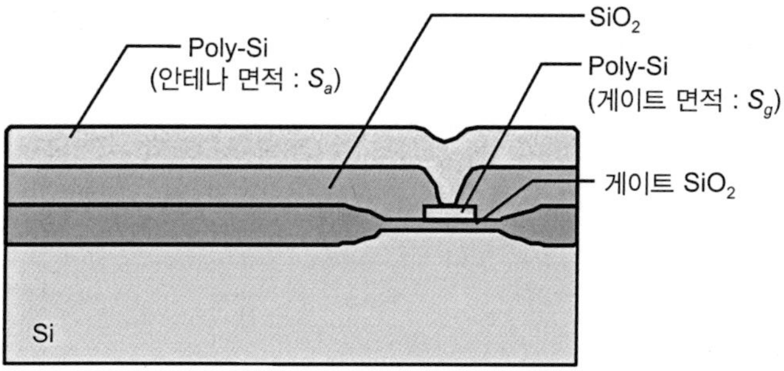

그림 5-8 안테나 MOS 캐패시터 구조[10]

면적(S_a)/게이트 면적(S_g)로 정의된다. **그림 5-9**에는 게이트 산화막 파괴율의 안테나비 의존성을 나타낸다.[10] 안테나 비가 1일 때 게이트 산화막 파괴가 일어나지 않아도 안테나 비를 증가시키면 게이트 산화막 파괴가 일어나는 것을 알게 되었다. 게이트 산화막 파괴는 안테나 비가 300을 넘어섰을 때부터 일어나고 있다.

5.2.2 충전(Charge-up)의 발생 메커니즘

기판 표면에 흘러 들어가는 고주파 전류의 분포가 기판 면내에 불균일한 경우에 충전(Charge-up)이 발생한다.[10] 예를 들어, 기판에 흘러 들어가는 고주파 전류가 기판 중앙보다 주변이 큰 경우, 기판 주변부에서의 Self-bias(V_{dc})는 중앙부의 Self-bias와 비교하여 크게 되기 때문에 게이트 전위(V_g)는 **그림 5-10**에서 나타낸 것처럼 기판 면내에서 불균일

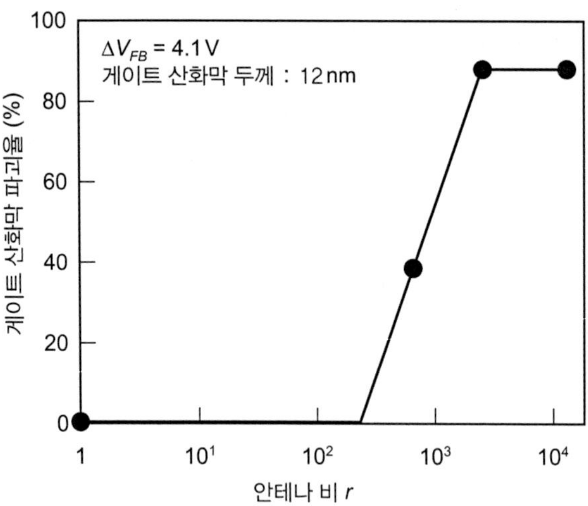

그림 5-9 배럴형 에셔에 있어서 게이트 산화막 파괴율의 안테나 비 의존성[10]

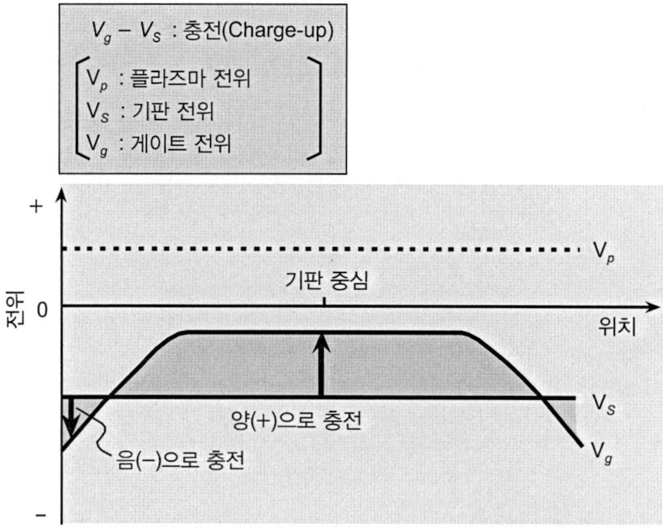

그림 5-10 충전(Charge-up) 발생시의 전위분포[10)]

한 분포를 가진다. 반면, Si 기판은 일정한 전위(V_s)를 가지기 때문에 게이트 전극과 Si 기판 사이에는 전위차가 생긴다. 이 전위차($V_g - V_s$)가 MNOS 캐패시터로 ΔV_{FB}로서 모니터되는 충전에 대응하는 것이다.[10)] 그림 5-10에 나타낸 전위분포 모델에서는 기판 중앙이 플러스(양, +)로 충전되고, 주변이 마이너스(음, -)로 충전된다. 이 그림으로부터 MNOS 캐패시터로 측정되는 전위 및 극성은 어디까지나 Si 기판에 대한 상대적인 값을 나타내는 것이다. 충전의 발생 메커니즘을 **그림 5-11**에 정리하여 나타내었다. 고주파 전류분포의 불균일성을 일으키는 원인은 여러 가지가 있다. 플라즈마 밀도의 불균일성 외에 기판에 대한 전계나 자계의 방향, 분포 등이 있다. 자계에 관하여 말하면, 자계와 수직방향으로는 전자가 통하기 어려운 것이 요인이 된다. 다음으로는 대

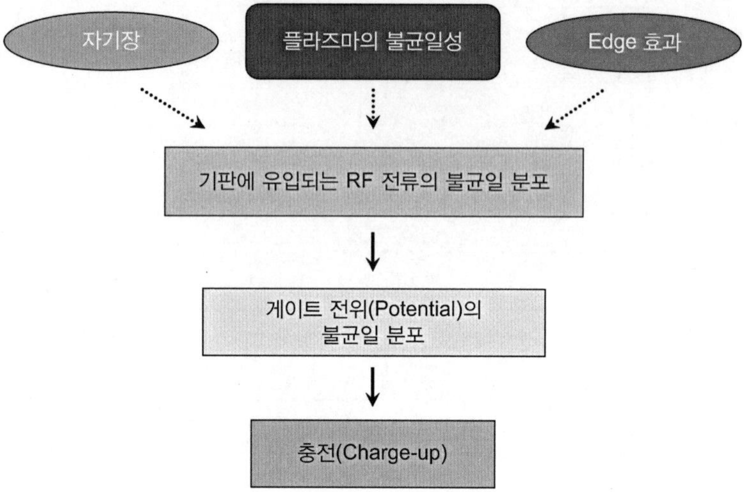

그림 5-11 충전(Charge-up) 발생 메커니즘

표적인 식각장치의 충전 평가결과와 그 감소법에 대하여 논하겠다.

한편, 충전량 및 그 평가를 위해서는 그림 5-7의 MNOS 캐패시터를, 게이트 산화막 파괴평가를 위해서는 그림 5-8의 안테나 MOS 캐패시터를 사용하였다. 안테나비, 게이트 면적, 게이트 산화막 두께의 값은 그림 5-8 내에 나타내었다.

5.2.3 각종 식각장치의 충전평가와 그 감소법

(1) 마그네트론 RIE

마그네트론 RIE의 경우는 전계와 자계가 직교하면서 전자 드리프트(Drift)로 인한 플라즈마 밀도의 쏠림현상이 발생하기 쉽기 때문에 게이트 산화막의 파괴를 고려한다면 적합하지 않는 장치이다. **그림 5-12**는

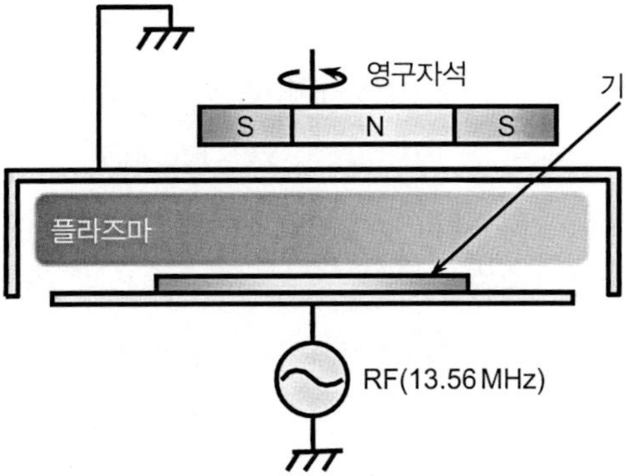

그림 5-12 마그네트론 RIE 장치 단면도[10)]

Anode쪽에 영구자석을 배치한 산화막용 마그네트론 RIE의 장치 단면도를 나타내었다. 또한, **그림 5-13**은 이 장치에서 자석의 회전을 정지시킨 상태에서의 MNOS 캐패시터로 측정한 ΔV_{FB} 및 안테나 MOS 캐패

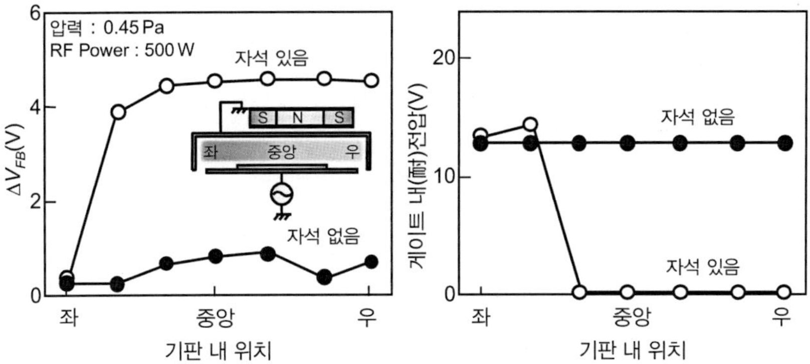

(a) ΔV_{FB}의 기판 내 분포 (b) 게이트 내압의 기판 내 분포

그림 5-13 마그네트론 RIE에 있어서 ΔV_{FB} 및 게이트 내압의 기판 내 분포[10)]

시터에서 측정한 게이트 내압의 기판 면내의 분포를 나타낸다.[10] 자석이 없는 경우의 ΔV_{FB}는 +1 V 이하이며, 모든 안테나 MOS 캐패시터는 진성(Intrinsic) 상태의 게이트 내압을 나타내고 있다. 즉, 플라즈마 처리 중에는 게이트 산화막 파괴가 일어나지 않고 있다. 반면, 자석을 설치한 경우는 기판의 좌편을 제외한 영역에서 ΔV_{FB} = +4.5 V에 상당하는 양(+)의 충전(Charge-up)이 발생하고, 이 영역에서 게이트 산화막 파괴가 발생한다.

마그네트론 RIE에서도 자장을 활처럼 굽은 형태로 만드는 것으로 플라즈마 밀도의 쏠림을 적게 하면, 충전을 감소시키는 것이 가능하다고 보고 되었으나,[11] 기판의 대구경화가 진행됨에 따라 균일한 플라즈마를 얻는 것이 어렵게 되어 게이트 산화막 파괴에 대하여서는 여유(Margin) 확보가 적은 식각장치라고 할 수 있다.

(2) 평행평판형 플라즈마 식각장치

CCP type의 평행평판형 플라즈마 식각장치에서는 기판의 지름방향

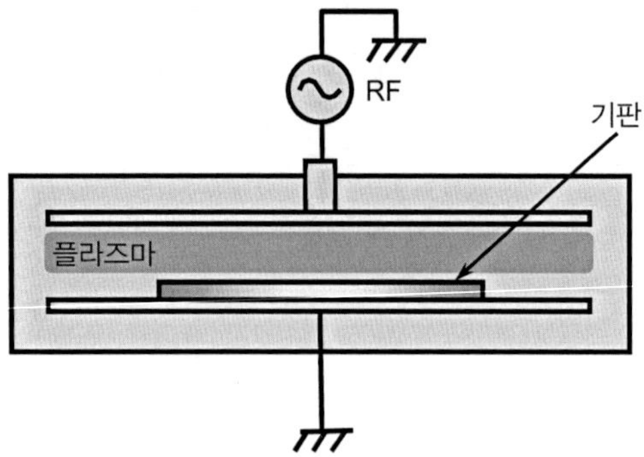

그림 5-14 평행평판형 플라즈마 식각장치의 단면도[12]

으로 균일한 플라즈마를 형성하는 것이 용이하므로, 충전(Charge-up)을 낮게 억제하는 것이 가능하다. **그림 5-14**는 산화막 식각용 평행평판형 플라즈마 식각장치의 단면도이며, **그림 5-15**에는 ΔV_{FB} 및 게이트 내압의 기판 면내 분포를 나타낸다.[12] 그림 5-15(a)에 나타낸 것처럼 게이트 전극은 음(−)으로 충전 되지만, 그 값은 ΔV_{FB}로서 −0.3~−1 V 정도로 작다. 또한, 그림 5-15(b)에서 나타낸 것처럼 모든 안테나 MOS 캐패시터는 진성(Intrinsic) 상태의 게이트 내압을 나타낸다. 즉, 플라즈마 처리 중에는 게이트 산화막 파괴는 일어나지 않고 있다.

(3) ECR 플라즈마 식각장치

ECR 플라즈마 식각장치의 경우는 균일한 플라즈마를 형성하는 것

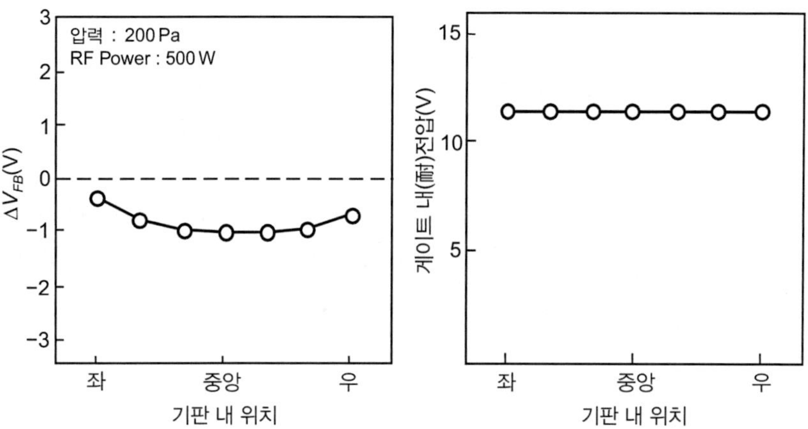

(a) ΔV_{FB}의 기판 내 분포

(b) 게이트 내압의 기판 내 분포

그림 5-15 평행평판형 플라즈마 식각장치에 있어서 ΔV_{FB} 및 게이트 내압의 기판 내 분포[12)]

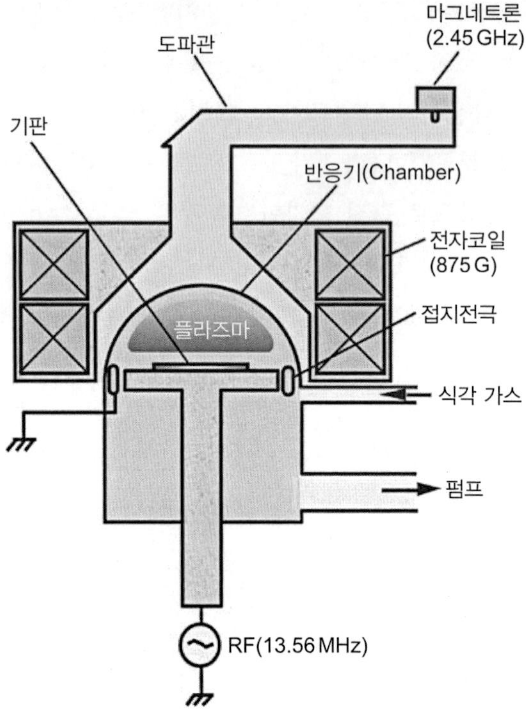

그림 5-16 ECR 플라즈마 식각장치의 단면도[10]

만으로는 충전현상을 제거하기에는 불충분하다. **그림 5-16**은 ECR 플라즈마 식각장치의 단면도를 나타내며, **그림 5-17**은 이 식각장치에서 처리한 MNOS 캐패시터의 ΔV_{FB} 기판 면내 분포를 나타낸다.[10] 기판 Stage에 RF 전원을 인가하지 않을 때의 ΔV_{FB}는 제로(0), 즉 충전은 생기지 않는다. 이는 균일한 플라즈마가 형성된 것을 나타낸다. 하지만, 13.56 MHz의 RF 전원을 인가하면, 기판의 중앙부에서 양(+)의 충전이 생긴다. 접지 전극으로부터 기판에 흐르는 전자전류에 대하여서는 자계가 이를 흐르기 어려운 방향으로 움직이기 때문에, 기판 표면으로 흘

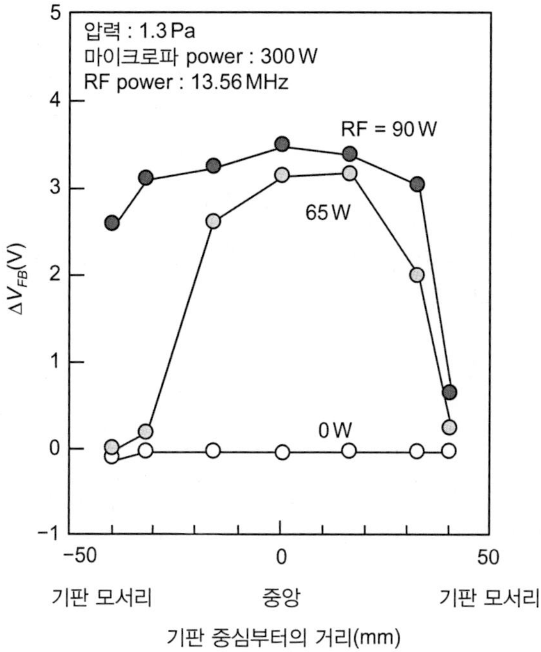

그림 5–17 ECR 플라즈마 식각장치에 있어서 ΔV_{FB}의 기판 내 분포[10)]

러 들어오는 전자전류는 기판 중앙으로 향할 때마다 감소한다. 따라서 V_{dc}는 기판 주변에서는 크고, 기판 중앙에서는 작다. 이 때문에 V_g가 기판 면내에서는 불균일하게 되고, 충전이 발생한다고 생각된다.[10)]

필자들은 RF 전원의 주파수를 낮추는 것으로 ECR 플라즈마 식각장치의 충전 감소가 가능하다는 것을 주장하였다.[10)] 결과는 **그림 5–18**에서 나타낸 것처럼 RF 주파수가 낮아 질수록 게이트 산화막 파괴율이 감소하고, 800 kHz 이하에서 게이트 산화막 파괴가 발생하지 않는 것을 알게 되었다. 이는 저주파에서는 이온시스(Ion Sheath)부에서의 임피던스가 크게 되어 자계에 의한 저항이 무시 가능할 정도가 되므로, 기판

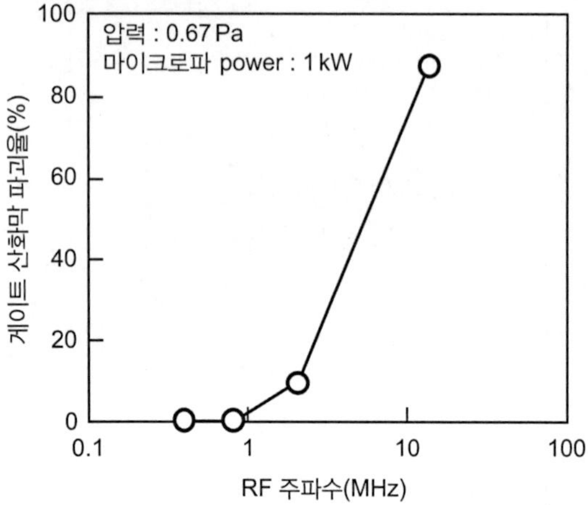

그림 5-18 ECR 플라즈마 식각장치에 있어서 게이트 산화막 파괴율의 RF 주파수 의존성[10)]

표면으로 흘러 들어가는 고주파 전류의 분포가 균일하게 되어 충전이 감소되었기 때문으로 생각된다. **그림 5-19**는 RF 주파수가 800 kHz 및 2 MHz일 때, 200 mm 기판에서 게이트 산화막 파괴 및 열화된 Chip의 기판 면내분포를 나타낸 것이다.[3)] 2 MHz에서는 기판의 중앙부에 게이트 산화막이 파괴되어 있고, 그 주변으로 게이트 산화막의 열화된 영역이 나타났다. 반면, 800 kHz의 경우는 기판 전면에 있어서 게이트 산화막의 파괴 및 열화가 전혀 일어나지 않는 것을 알 수 있다.

(4) 유도결합형 플라즈마 식각장치

그림 5-20에는 TCP 플라즈마 식각장치의 단면도를, **그림 5-21**에는 게이트 산화막 파괴율의 하부 RF 파워 의존성을 나타내었다.[13)] 플라즈마 형성용 전원(Source Power)과 이온 에너지 제어용 하부전원(Bottom

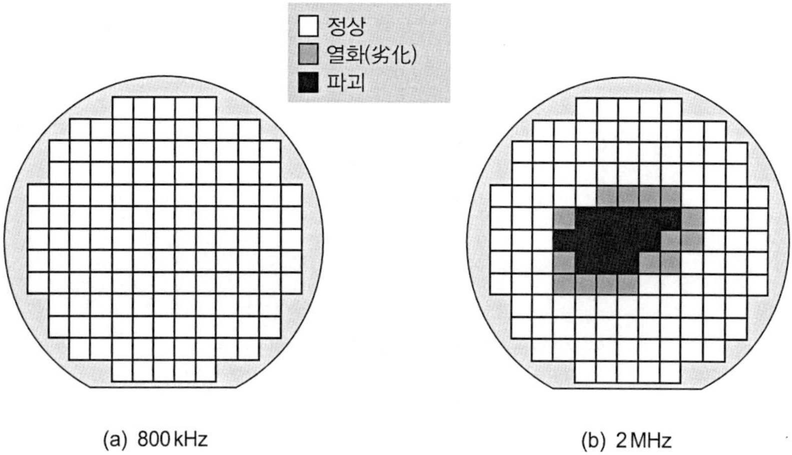

그림 5-19 ECR 플라즈마 식각장치에 있어서 게이트 산화막 파괴 및 열화 Chip의 기판면내 분포[3)]

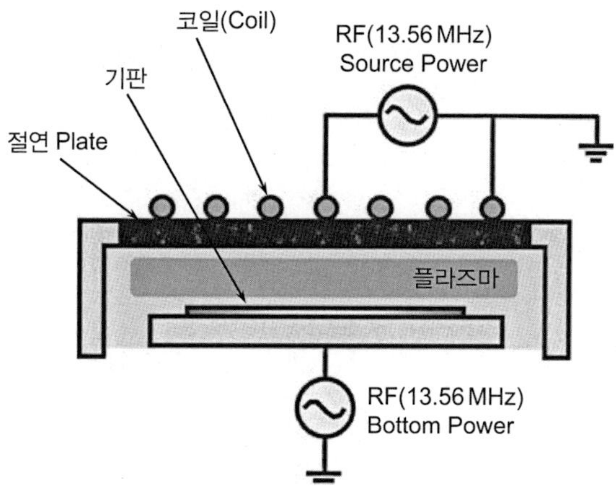

그림 5-20 TCP 플라즈마 식각장치의 단면도[13)]

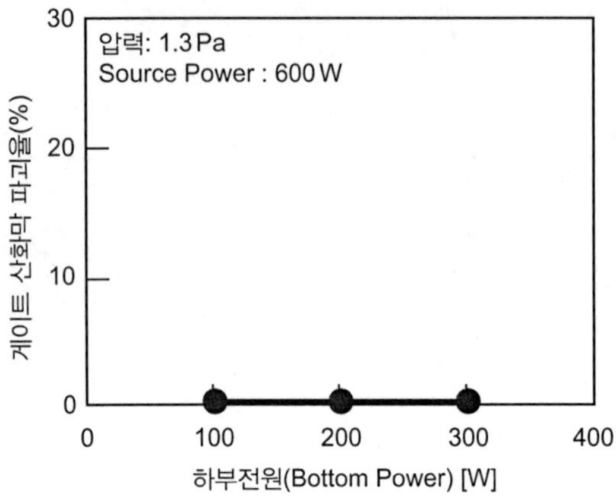

그림 5-21 TCP 플라즈마 식각장치에 있어서 게이트 산화막 파괴율의 하부전원 의존성[13)]

Power) 둘 다 RF 주파수는 13.56 MHz를 이용하였다. 그림 5-21로부터 하부전원을 300 W까지 올려도 게이트 산화막 파괴는 일어나지 않는 것을 알 수 있었다. **그림 5-22**는 하부전원이 300 W인 경우, 200 mm 기판에서의 게이트 산화막 파괴 및 열화된 chip의 기판면내 분포를 나타낸 것이다.[13)] 200 mm 기판 전면(全面)에 있어서 게이트 산화막 파괴나 열화 그 어느 것도 전혀 일어나지 않았다.

TCP 플라즈마 식각장치에서는 기판 Stage에 인가하는 RF 전원의 주파수가 13.56 MHz임에도 불구하고 게이트 산화막 파괴는 일어나지 않았다. 이는 TCP 플라즈마 식각장치에서는 기판 위의 자계가 무시 가능한 수준이라는 것을 의미한다.

이상으로 언급한 것처럼 충전(Charge-up)을 방지하기 위해서는 기판 표면에 흘러 들어오는 고주파 전류의 분포가 균일하게 하는 것이 좋다. 이것으로 ECR과 같은 강력한 자기장을 이용한 고밀도 플라즈마에서도

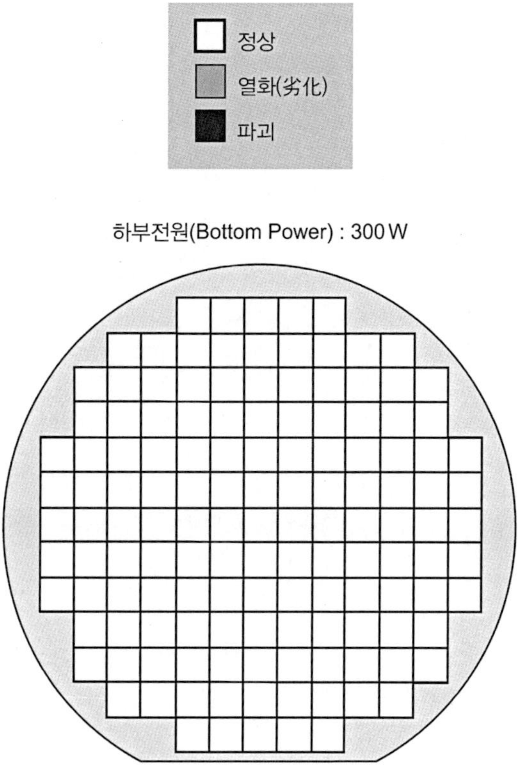

그림 5-22 TCP 플라즈마 식각장치에 있어서 게이트 산화막 파괴 Chip의 기판면 내 분포[13)]

충전을 없애는 것이 가능하다.

5.2.4 플라즈마 처리시 게이트 산화막 파괴 메커니즘

필자는 플라즈마 처리중의 게이트 산화막 파괴는 플라즈마로부터 게이트로 흘러 들어가는 전류의 정전류(定電流) 스트레스에 의해 TDDB(Time Dependent Dielectric Breakdown)가 일어나는 것을 찾아

5 건식식각에 의한 손상(Damage)

내었다.[10,13] 이 모델에 대해서는 이하에서 설명한다. **그림 5-23**은 배럴형(원통형) 에셔(Asher)에 있어서 게이트 산화막 파괴율의 플라즈마 처리시간 의존성을 조사한 것을 나타내었다.[13] RF 전원의 ON/OFF를 10회 반복하여도 게이트 산화막 파괴는 일어나지 않았다. 또한, 게이트 산화막 파괴율은 플라즈마 처리시간의 증가와 함께 증가되는 것으로부터 플라즈마 처리중의 게이트 산화막 파괴는 플라즈마 생성시나 소멸시의 과도한 전류에 의해 생성되는 것이 아니라 플라즈마 처리중의 정상적(定常的)인 스트레스에 의해 생성되는 것을 알 수 있었다.

그림 5-24는 플라즈마 처리중의 충전에 의한 게이트 산화막 파괴의 모델을 나타낸다. 여기에서는 양(+)의 충전을 예로 나타내었다. 안테나비를 r이라고 하면 게이트 산화막을 흐르는 전류(I_g)와 플라즈마로부터

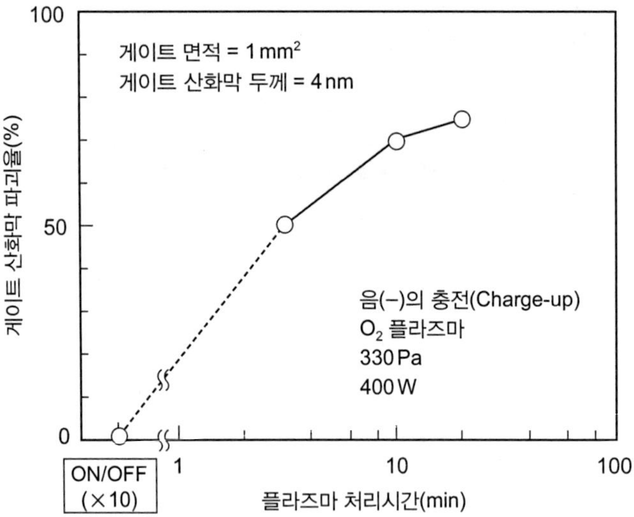

그림 5-23 배럴형 에셔에 있어서 게이트 산화막 파괴율의 플라즈마 처리시간 의존성[13]

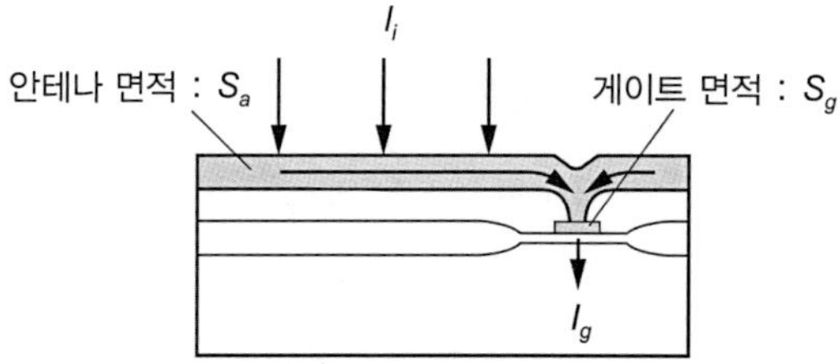

I_i : 플라즈마로부터 전극으로 흐르는 이온전류
I_g : 게이트 산화막을 흐르는 전류
I_{bd} : 게이트 산화막 파괴를 위한 필요 전류

$I_g = r \times I_i$　　r(안테나 비) $= S_a/S_g$

게이트 산화막 파괴는 $I_g > I_{bd}$일 때 발생한다.

그림 5-24 플라즈마 처리중 충전(Charge-up)에 의한 게이트 산화막 파괴의 메커니즘[10)]

전극에 흘러 들어가는 이온전류(I_i) 사이에는 아래와 같은 관계가 성립된다.

$$I_g = r \times I_i \tag{5.1}$$

산화막은 특정전류가 막(膜)내부를 특정 시간 흘렀을 때 파괴한다. 이것은 TDDB 특성이라고 불리며, 산화막의 막두께나 형성조건으로 결정되는 산화막 고유의 특성이다. 게이트 산화막 파괴를 일으키기에 필요한 스트레스 전류를 I_{bd}라고 하면, 게이트 산화막 파괴는 I_g가 I_{bd} 보다 클때에 발생한다.

필자는 원통형 에셔의 충전에 대하여 실제로 I_i 및 I_{bd}를 측정하고, 모델의 타당성을 검증하였다.[10)] 그림 5-9에 나타낸 게이트 산화막 파괴율의 안테나비 의존성은 원통형 에셔에서 20분간의 플라즈마 처리를 행하였을 때의 결과이지만, 이때의 MNOS 캐패시터 ΔV_{FB}는 4.1 V였다.[10] **그림 5-25**에 나타낸 ΔV_{FB}의 게이트 주입전류 의존성으로부터 $I_i = 2 \times 10^{-7}$ A/mm²이 된다. 또한, I_{bd}는 **그림 5-26**에서 나타낸 게이트 산화막의 TDDB 특성으로부터 구하는 것이 가능하다. 그림으로부터 20분간의 처리(에셔 처리시간)로 게이트 산화막 파괴를 일으키기 위해 필요한 전류값, I_{bd}는 3×10^{-5} A/mm²이다. $I_g = r \times I_i$이기 때문에 $r = 1$일때는 $I_g = I_i = 2 \times 10^{-7}$ A/mm²가 된다. 따라서, $I_g < I_{bd}$이기 때문에 게이트 산화막 파괴는 일어나지 않게 된다. 이것은 그림 5-9의 실험결과와 일치한다. 그리고, 게이트 파괴를 일으키는 r을 구하면, $I_g = r \times I_i$로 부터,

$$r = I_g / I_i = I_{bd} / I_i = 150$$

이 되고, 이것도 그림 5-9의 실험결과와 거의 일치한다. 이상의 결과로

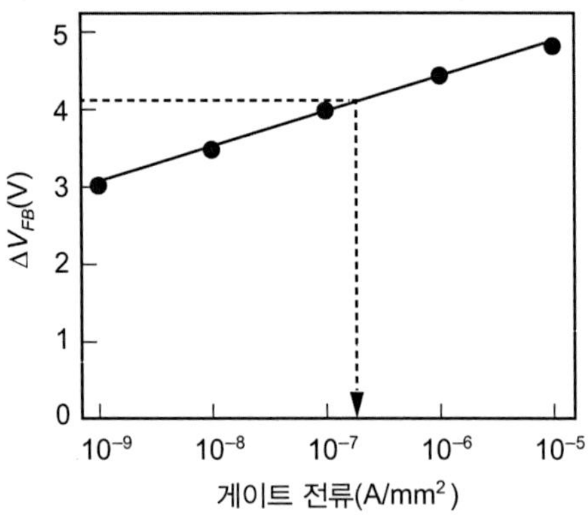

그림 5-25 MNOS 캐패시터의 게이트 주입전류와 ΔV_{FB}의 관계[10]

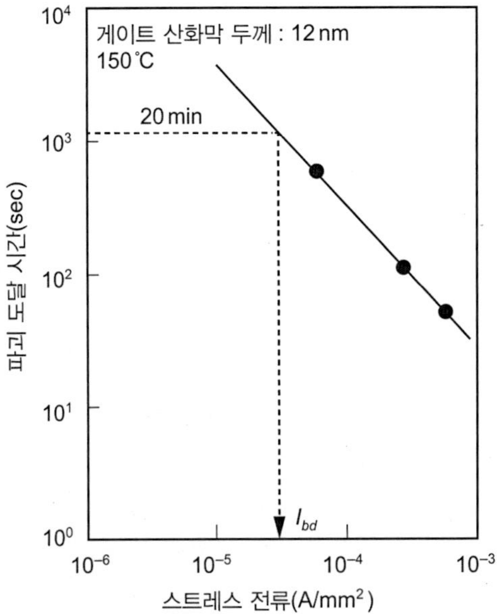

그림 5-26 게이트 산화막의 정전류 TDDB 특성[10)]

부터 모델의 타당성이 검증되었다라고 말할 수 있다.

이 모델에 의하면, MNOS 캐패시터의 ΔV_{FB} 측정 및 게이트 산화막의 TDDB 특성으로부터 게이트 산화막 파괴를 사전에 예측하는 것이 가능하고, 게이트 산화막 파괴를 미연에 방지하는 것이 가능하다. 다시 말하면, 먼저 게이트 산화막의 TDDB 특성 평가로부터 I_{bd}를 구한다. 다음으로 MNOS 캐패시터에 의해 플라즈마로부터 게이트에 흘러 들어가는 전류를 모니터하여 이 전류가 I_{bd}를 넘지 않도록 식각조건을 설정한다. 이것으로 게이트 산화막 파괴를 미연에 방지하는 것이 가능하다. 이 방법을 사용하면 게이트 산화막 파괴가 일어나지 않도록 조건 설정을 하기도 하고, 장치나 프로세스의 개량을 하는 것이 가능하다.

5.2.5 패턴에 기인한 게이트 산화막 파괴

디바이스의 미세화가 진행됨에 따라 가시화 되고 있는 것이 패턴에 기인한 국소적 충전에 의해 게이트 산화막이 파괴되는 것이다. 이것은 전자 음영손상(Electron Shading Damage)이라고 불리며, 조밀한 패턴일수록 게이트 산화막 파괴가 일어나기 쉽다.[14] **그림 5-27**은 그 모델을 나타낸다.[15] 이온이 수직으로 입사하는 것에 대하여 전자는 비스듬히 입사하기 때문에 포토 레지스트의 측면은 음(−)으로 충전된다. 이 음전하에 반발된 전자가 패턴의 아랫부분까지 들어가지 못하기 때문에 이온전류가 넘치게 된다. 결과적으로 배선은 양(+)으로 충전되고, 과잉전류가 주입되어 게이트 산화막에 손상을 입힌다. 이 효과는 패턴의 간격

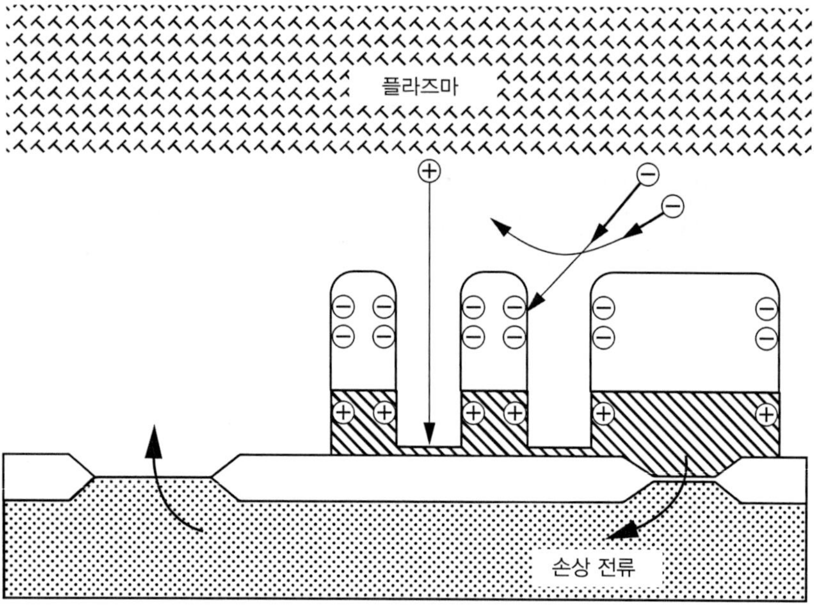

그림 5-27 전자 음영(Shading) 손상의 모델도[15]

이 좁아질수록 현저하게 나타나기 때문에 치밀한 패턴에서 게이트 산화막 파괴가 일어나기 쉽게 된다.

그림 5-28은 전자 음영손상(Shading Damage)이 어느 시점에서 일어나는가를 조사한 결과이다.[16] 식각의 종점은 일반적으로 발광 스펙트럼의 변화로부터 검출한다. 이것을 EPD(End Point Detector)에 의한 종점 검출이라고 부른다. 이 실험에서 EPD에 의한 종점은 32초였다. 게이트 산화막 파괴는 29초에서부터 35초사이에서 일어났고, 35초 이후에서는 포화되었다. 이처럼 전자음영 손상은 식각의 종점 부근에서 발생한다. 이 현상은 패턴이 치밀한 부분에서는 식각속도가 저하하는 이른바 마이크로 로딩 효과(Micro loading effect)에 의해 일어난다. 그 모델을 그림 5-28의 왼편에 나타내었다. (a) 29초 보다 이른 시간에서는

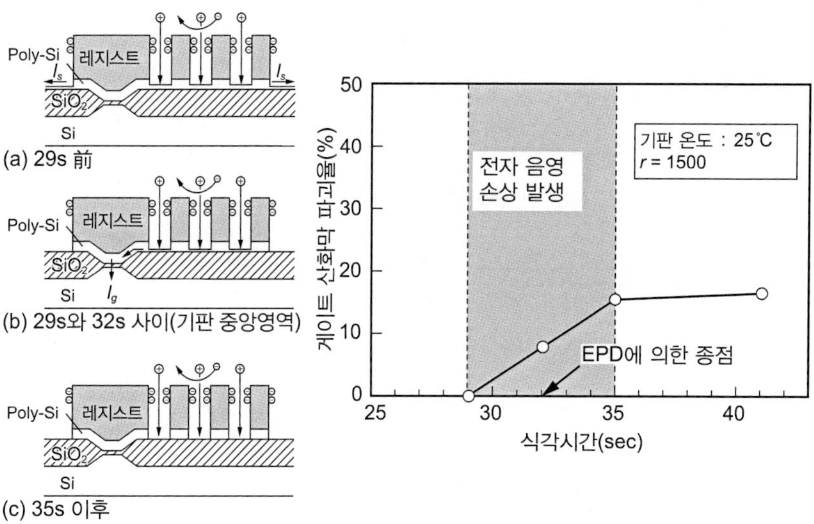

그림 5-28 전자 음영(Shading) 손상의 발생 시점[16]

Poly-Si이 전체적으로 남아 있어서 플라즈마로부터 유입전류는 이 Poly-Si을 통하여 흘러나가기 때문에 게이트에 손상전류가 흐르지 않는다. (b) 29초에서 32초 사이에는 패턴이 없는 부분의 Poly−Si은 식각되어 없어지지만 패턴라인이 치밀한 부분은 식각속도가 느려지기 때문에 패턴의 하부는 Poly-Si이 남아있는 상태가 된다. Poly-Si 라인이 서로 연결된 상태로 게이트에 접속된 형태가 되기 때문에 모아진 손상전류가 게이트로 흘러 게이트 산화막 파괴가 일어난다. (c) 35초에서는 라인하부의 Poly-Si도 식각되어 없어지기 때문에 각 라인은 분단되어 게이트에 손상전류가 흐르지 않게 된다. 그 결과 35초 이후는 게이트 산화막 파괴율이 포화한다.

전자 음영손상을 감소시키기 위해서는 전자온도를 낮추는 것이 효과적이며, 전극의 간격을 넓히거나 압력을 높이는 것이 손상을 낮추는 방법이다.[16] 더욱 효과적으로 전자 음영손상을 낮추는 방법으로는 방전

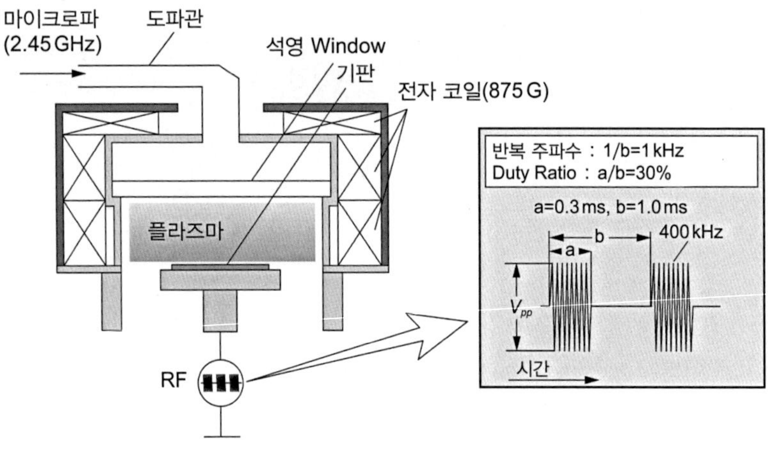

그림 5-29 시간변조(Time Modulation) 바이어스 전원을 장착한 장치[18]

을 시간변조 시키는 방법[17]과 바이어스를 시간변조 시키는 방법[18]이 제안되었다. 전자(前者)는 방전이 OFF일때, 발생하는 음이온을 저주파 RF 바이어스로 끌어들이는 방법으로 양이온에 의한 충전(Charge-up)을 중화시키는 것이다. 후자(後者)는 RF 바이어스를 수 KHz의 주기로 ON/OFF시키는 것으로, 시간변조 바이어스(Time modulation bias)법이라고 불리운다.[18] **그림 5-29**는 시간변조 바이어스 전원을 탑재한 장치의 단면도를 나타낸다. **그림 5-30**은 시간변조 방식에 있어서 전자와 이온의 궤적을 시뮬레이션 한 결과를 나타낸다.[18] 바이어스가 ON일 때(그림 5-30(a)), 전자는 반발하여 이온만이 입사하기 때문에 양의 충전

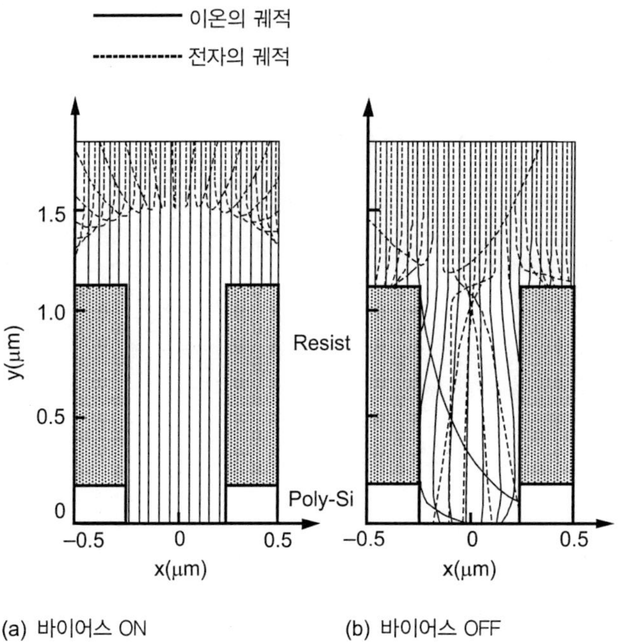

그림 5-30 시간변조(Time Modulation) 바이어스에 있어서 전자와 이온의 궤적[18]

이 일어나지만, 바이어스가 OFF일 때(그림 5-30(b))는 이온의 에너지가 낮아지기 때문에 포토 레지스트 패턴 측벽의 음전하가 중화된다. 그 결과로 바이어스가 OFF일 때는 게이트에 스트레스 전류가 흐르지 않기 때문에 게이트 산화막 파괴가 일어나기 어렵게 된다.

5.2.6 게이트 산화막 파괴에 미치는 온도 영향

5.2.4에서 언급한 것처럼 플라즈마 처리 중의 게이트 산화막 파괴는 플라즈마로부터 게이트로 흘러 들어가는 전류의 정전류(定電流) 스트

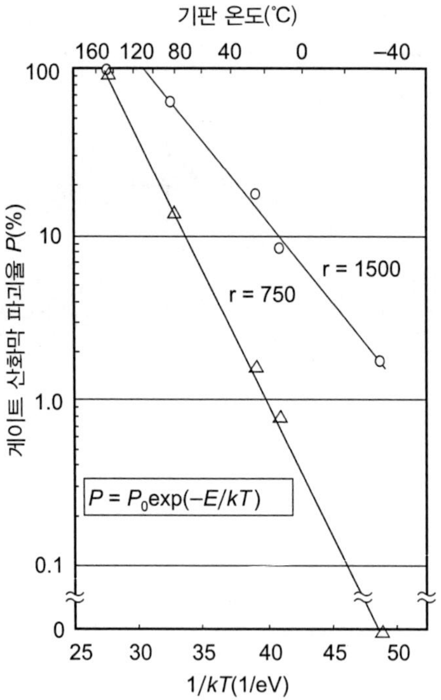

그림 5-31 게이트 산화막 파괴율의 기판 온도 의존성[16)]

레스에 의해 TDDB(Time Dependent Dielectric Breakdown)가 일어난다. 산화막의 TDDB특성은 막두께나 형성조건으로 결정되는 산화막 고유의 특성이지만, 온도 의존성을 가지고 있어서 스트레스를 가할 때의 온도가 높으면, 산화막 파괴가 일어나기 쉽게 된다. 즉, 플라즈마 처리 중의 온도가 높으면, 적은 스트레스 전류 및 짧은 시간에서 게이트 산화막 파괴가 일어나게 된다. **그림 5-31**은 게이트 산화막 파괴율의 기판 온도 의존성을 나타내었다. $r = 750$일 때, 게이트 산화막 파괴는 기판의 온도가 −35도일 때 0이지만, 온도가 높아짐에 따라 증가하여, 150도에서는 98.3%에 달한다. 그림으로부터 알 수 있듯이, 게이트 산화막 파괴율은 $\exp(-E/kT)$에 비례하여 증가한다.

여기서 k: 볼츠만 상수, T: 기판 온도, E: 활성화 에너지를 의미한다. **그림 5-32**는 15도와 150도의 온도에서 게이트 산화막 파괴 칩의 기판면내 분포를 나타낸다.

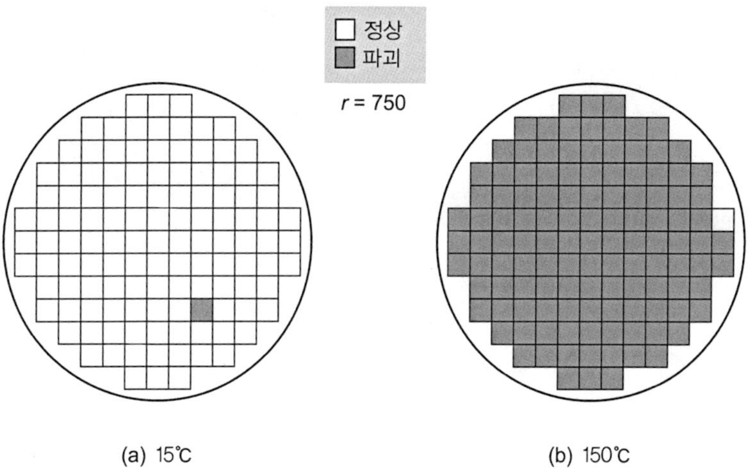

그림 5-32 게이트 산화막 파괴 칩(Chip)의 기판면내 분포[16)]

천이금속과 같은 난(難)식각 재료에서는 반응 생성물의 증기압을 높여 식각속도를 빠르게 하기 때문에 고온에서의 식각을 행할 때가 많다. 이 경우, 게이트 산화막 파괴가 일어나기 쉽기 때문에 주의가 필요하다. 에싱(Ashing) 공정에서도 일반적으로는 고온에서 행해진다. Down Flow 방식과 같이 라디칼만으로 에싱을 행할 경우는 문제가 없으나 이온 성분이 포함된 공정의 경우에는 주의가 필요하다.

5.2.7 디자인 룰(Design Rule)에 의한 충전 손상 대책

충전손상(Charge-up damage)은 Logic LSI의 배선 식각공정이나 에싱(Ashing) 공정에서 가장 심각하다. 안테나가 되는 긴 배선이 게이트에 접속되어 있기 때문이다. 그림 5-9에서 설명한 것처럼 안테나 비가 증가함에 따라 게이트 산화막 파괴율은 크게 된다. 디바이스 구조 관점에서의 대책으로는 안테나 룰과 보호 다이오드가 있다. 안테나 룰이란 게이트에 손상을 미치는 안테나 비를 미리 조사해 두고, 기준을 넘는 곳이 있는 경우는 기준을 만족하도록 배선을 절단하여 다른 배선층에 연결하는 것으로 안테나 비를 감소시키도록 설계하는 것이다.[19] 보호 다이오드는 확산층을 사용하여 손상전류를 Si 기판으로 흐르게 하여 게이트 산화막 파괴를 회피하는 것이다.[20] 하지만, 어느 쪽이든지 레이아웃 룰(Layout Rule)의 제약을 고려하면 만능은 아니기 때문에 식각이 어려운 공정에 있어서 충전 감소대책과 병행하여 진행할 필요가 있다.

[참고문헌]

1) G. S. Oehrlein: Proc. Symp. Dry Process, p.59 (1986).

2) G. S. Oehrlein, R. M. Tromp, Y. H. Lee & E. J. Petrillo: Appl. Phys.

Lett. **45** (4), 420 (1984).

3) 野尻一男, 水谷巽: 応用物理, 第64巻　第11号, p.115 (1995).
4) K. Nojiri & E. Iguchi: J. Vac. Sci. & Technol. B **13**, 1451 (1995).
5) 橋見一生, 松氷大輔, 金澤正男: 第40回応用物理学関係連合講演会講演予稿集, No.2, p.616 (1993).
6) 橋見一生, 松氷大輔, 金澤正男: 第54回応用物理学会学術講演会講演予稿集, No.2, p.536 (1993).
7) N. Aoto, M. Nakamori, H. Hada, T. Kunio & E. Ikawa: Ext. Abstr. Int. Conf. Solid State Devices & Materials, p.101 (1993).
8) K. Tsunokuni, K. Nojiri, S. Kuboshima & K. Hirobe: Ext. Abstr. The 19th Conf. Solid State Devices & Materials, p.195 (1987).
9) Y. Kamamoto: Ext. Abstr. The 17th Conf. Solid State Devices & Materials, p.333 (1985).
10) K. Nojiri & K. Tsunokuni: J. Vac. Sci. & Technol. B **11**, 1819 (1993).
11) S. Nakagawa, T. Sasaki & M. Mori: Proc. Symp. Dry Process, p.23 (1993).
12) 野尻一男: Semiconductor World, p.86, October (1992).
13) 野尻一男: 半導体プロセスにおけるチャージングダメージ, p.51(リアライズ社, 1996).
14) K. Hashimoto: Jpn. J. Appl. Phys. **32**, 6109 (1993).
15) K. Hashimoto: Dig. Pap. Int. Microprocess Conf., p.146 (1995).
16) K. Nojiri, K. Kato & H. Kawakami: Proc. 4th Int. Symp. Plasma-Process Induced Damage, p.29 (1999).
17) H. Ohtake, S. Samukawa, K. Noguchi & T. Horiuchi: Proc. Symp. Dry Process, p.97 (1998).
18) K. Nojiri, N. Mise, M. Yoshigai, Y. Nishimori, H. Kawakami, T. Umezawa, T. Tokunaga & T. Usui: Proc. Symp. Dry Process, p.97 (1998).
19) 野口江: Electronic Journal 8th Technical Symposium, p.31 (1997)

20) M. Takebuchi, K. Yamada, T. Nishimura, K. Isobe, T. Uemura, T. Fujimoto, M. Arakawa, S. Mori, A. Kimitsuka & K. Yoshida: Tech. Dig. Int. Electron Device Meet., p.185 (1996).

6장

새로운 식각기술

본 장에서는 Cu 다마신 식각, Low-k 식각, metal 게이트/High-k 식각, FinFET 식각 등의 새로운 식각기술에 대하여 논한다. Cu 다마신 식각에서는 각종 방식에 대한 설명과 Low-k 손상을 방지하기 위한 방법에 대하여도 해설한다. 또한, 최근 주목 받고 있는 다중 패터닝(Multi Patterning)기술, 3D NAND용 고종횡비 홀식각, 3D IC 식각 등의 새로운 분야에 대하여서도 언급한다.

6.1 Cu 다마신(Damascene) 식각

Logic LSI(Large-Scale Integration)의 고속화는 주로 트랜지스터의 미세화에 의하여 견인되어 왔다. 그렇지만, 0.25 μm 노드 이후는 LSI의 스피드가 배선으로 인하여 영향을 받게 되었다.[1] **그림 6-1**에서는 그 이유를 설명하였다. 미세화(고집적화)가 진행되면, 배선의 단면적은 작아지고 배선의 길이는 길어지게 된다. 이로 인하여 배선저항 *R*은 크게

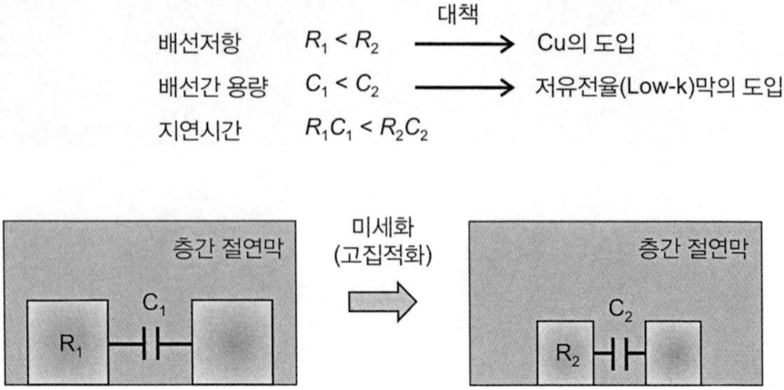

그림 6–1 LSI의 미세화에 따른 배선 지연의 증가

된다. 또한, 배선간 거리가 짧아지므로 말미암아 배선간 용량 C는 크게 된다. 배선의 지연시간은 RC에 비례하기 때문에 미세화(고집적화)가 됨에 따라 지연시간이 길어지게 된다. 즉, LSI의 반응속도가 느려지게 된다는 것이다. 대책으로는 배선의 저항을 낮추기 위하여 기존에 사용되어 온 알루미늄(Al) 배선 대신에, 보다 저항율이 낮은 구리(Cu) 배선을 도입하였다. Al의 저항율이 약 2.7 μΩcm인 것과 비교하여 Cu의 저항율은 약 1.7 μΩcm로 낮다. 또한, 배선간 정전용량을 감소시키기 위하여 기존의 산화막 대신으로 유전율이 상당히 낮은 저유전율막(Low-k 막)이 도입되었다. 산화막의 비유전율 k 값이 4.1인 것과 비교하여 Low-k 막의 k 값은 3 이하이다. Cu 배선의 형성을 위해서는 새로이 다마신이라고 불리우는 기술이 도입되었다. 이것은 3장의 3.3.3에서 언급한 것처럼 Cu 배선을 식각으로 형성하는 것이 상당히 어렵기 때문이다. 다음에서는 다마신 기술에 의한 다층 배선공정을 기존의 Al 다층 배선공정과 비교하면서 설명한다.

그림 6–2는 Al 다층 배선공정의 공정 흐름도를 나타낸 것이다.

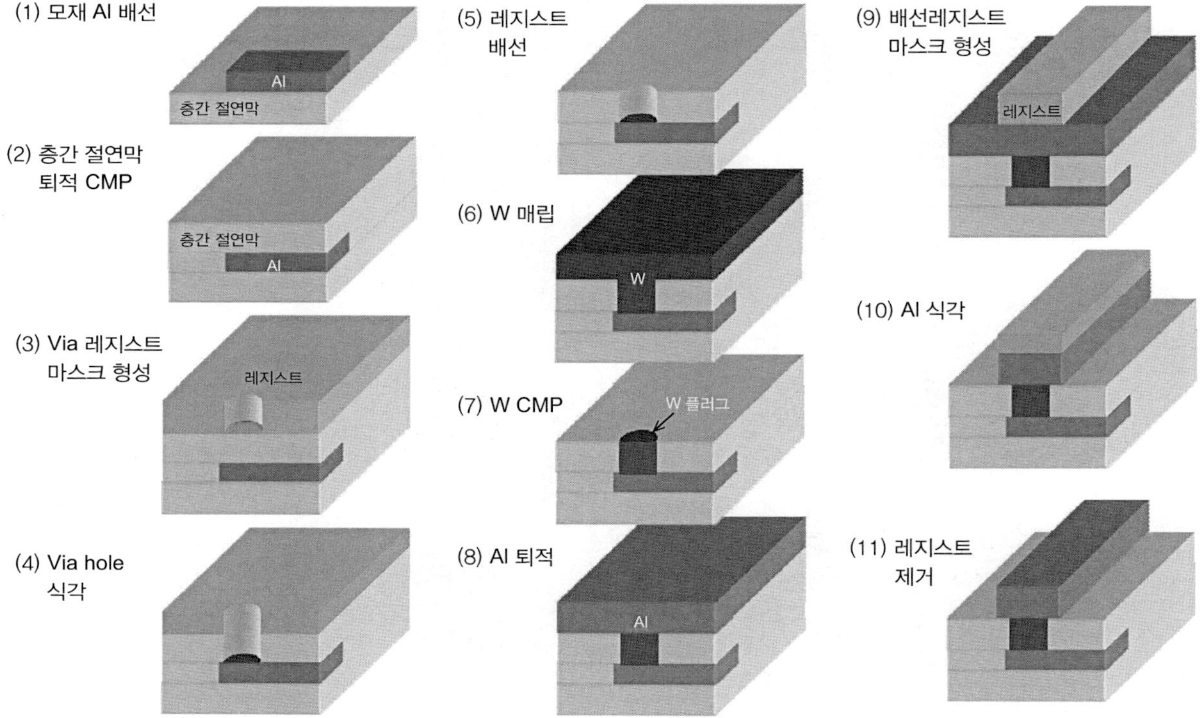

그림 6-2 Al 다층배선 공정 흐름도

(1)은 첫 번째 층에 Al 배선이 형성된 상태를 나타낸다.

(2) 층간 절연막을 형성시킨 후, CMP(Chemical Mechanical Polishing)로 평탄화 한다.

(3) 리소그라피 기술로 Via hole용 레지스트 마스크를 형성시킨 후,

(4) 산화막 식각장치로 층간 절연막 Via hole을 식각하여 개구(開口)한다.

(5) 에셔(Asher)로 레지스트를 제거한다.

(6) CVD로 W을 Via hole 내에 충진시킨 후,

(7) CMP로 표면의 W을 연마하여 제거시키고, W 블록을 형성한다.

(8) 2번째층의 Al을 스퍼터방식으로 퇴적시킨 후,

(9) 배선용 레지스트 마스크를 형성한다.

(10) Al 식각장치를 이용하여 배선 식각을 실시 후,

(11) 에셔(Asher)로 레지스트를 제거한다.

이렇게 하여 두 번째 층까지의 Al 배선이 형성된다.

이어서 **그림 6-3**에는 다마신 공정을 설명한다. 다마신 공정이란 절연막에 도랑(트렌치, Trench)을 형성시킨 후, Cu를 퇴적하고 CMP로 연마하여 배선을 형성하는 방식이다. 다마신에는 배선과 Via hole을 각각으로 형성하는 싱글 다마신(Single Damascene)과 배선 트렌치와 via hole을 동시에 Cu를 충진 시키는 듀얼 다마신(Dual Damascene)이 있다. 듀얼 다마신은 싱글 다마신보다 공정수가 적기 때문에 저비용으로 공정이 가능하다. 듀얼 다마신에는 몇 가지 형성 방식이 있는데, 그림 6-3에 나타낸 것은 현재 주로 사용되고 있는 Via first(先 Via) 방식을 나타낸다.

(1)은 첫 번째 층에 Cu 배선이 형성된 상태를 나타낸다.

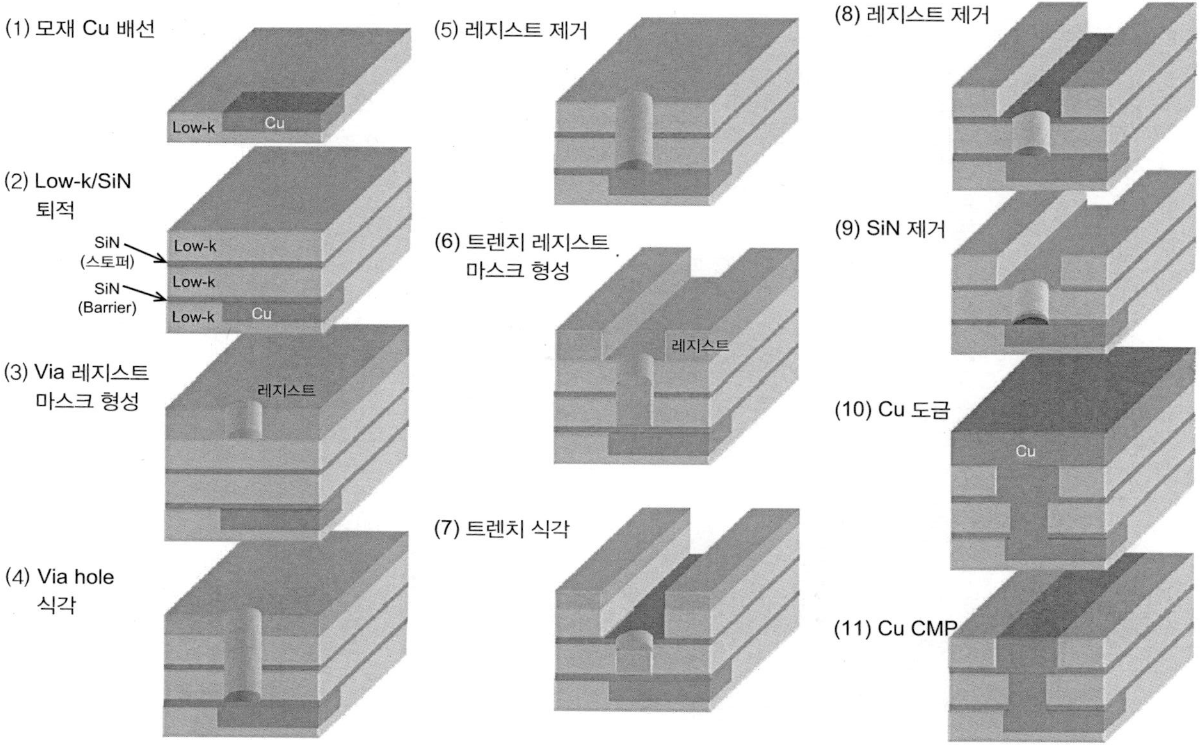

그림 6-3 듀얼 다마신 (Dual Damascene) 공정 흐름도 (Via First 방식)

(2) Cu의 확산을 방지하는 배리어 SiN(Barrier SiN) 막을 Cu 위에 퇴적시키고, 그 위에 via hole이 형성될 저유전율 막(Low-k 막)을 퇴적한다. 계속하여 식각 스토퍼(Stopper)가 될 SiN 막과 트렌치가 형성될 Low-k 막을 순차적으로 퇴적한다.
(3) 리소그라피 기술로 Via hole용 레지스트 마스크를 형성시킨 후,
(4) 산화막 식각장치로 Via hole을 식각하여 개구(開口)한다.
(5) 에셔(Asher)로 레지스트를 제거한 후,
(6) 이번은 트렌치용 레지스트 마스크를 형성한다.
(7) 산화막 식각장치로 트렌치 식각을 실시한다.
(8) 트렌치를 제거하면 배선용 트렌치와 via hole이 연결된 형태가 얻어진다.
(9) SiN을 제거하고 Via hole 아래의 Cu(첫 번째 층의 Cu)를 노출시킨 후,
(10) 도금방식으로 Via 및 트렌치에 Cu를 충진시킨다.
(11) CMP로 표면 평탄부의 Cu를 제거하면 두 번째의 Cu 배선이 형성된다.

트렌치 식각의 스토퍼 막으로 SiN 막을 사용하면 유전율이 상승하기 때문에 저유전율 막을 사용한 효과가 감소하게 된다. 그래서, 최근에는 식각의 스토퍼 층을 사용하지 않는 경우가 대부분이다. 이 경우, 트렌치의 깊이는 식각의 깊이로 결정되기 때문에 식각속도의 안정화가 필요하다. **그림 6-4**는 듀얼 다마신 식각의 예를 나타낸다. 이것은 Low-k가 아닌 SiO_2를 식각한 예이며, 트렌치 식각의 스토퍼로 SiN을 사용하지 않았다.

위에서 언급한 것처럼 다마신 공정에서는 Cu 배선을 형성하기 위하

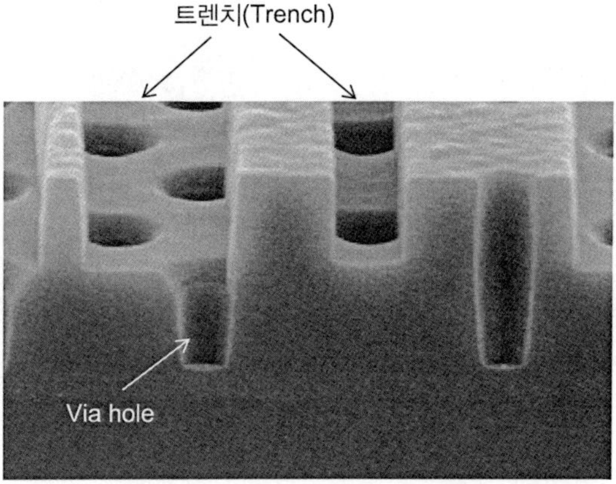

그림 6-4 듀얼 다마신(Dual Damascene) 식각 예

여 Cu의 식각을 필요로 하지 않는다. 따라서, 금속용 식각장치는 필요 없게 되고, 대신에 산화막용 식각장치가 필요하게 된다. 즉, 다마신 배선의 도입으로 금속용 식각장치의 비율이 감소하고, 산화막용 식각장치의 비율이 증가한다.

6.2 Low-k 식각

Cu 듀얼 다마신 배선기술은 SiO_2 막과의 조합으로 0.18 μm 세대에서부터 도입이 되었다. 0.13 μm 세대에서는 층간 막으로서 SiO_2 막 중에 불소를 함유한 FSG(비유전율 k = 3.6)가 도입되었다. FSG는 SiO_2 막과 거의 동일한 식각 조건에서 가공이 가능하다. k = 3.0 이하의 Low-k 막이 본격적으로 사용되기 시작한 것은 90 nm의 세대부터이다. Low-k 막과의 조합에서는 Low-k막 자체의 식각과 관련한 공정의 어려움이 더해

져서 종합적인 난이도가 높아지게 되었다.

90 nm Logic LSI로부터 본격적으로 도입된 Low-k 막은 *k*값이 2.9 정도이다. Low-k 막의 형성 방법으로서는 SOG(Spin-on Glass)법이나 CVD법이 있는데, 두 경우 모두 막중에 메틸기 CH_3를 포함하고 있어서, 이것으로 *k*값을 낮추고 있다. 식각이나 에싱에 있어서는 산소의 부작용에 주의가 필요하다. **그림 6-5**에서는 그 원리를 설명한다. 그림 6-5는 분자 궤도법을 이용한 시뮬레이션 결과이다.[2] 이곳에서는

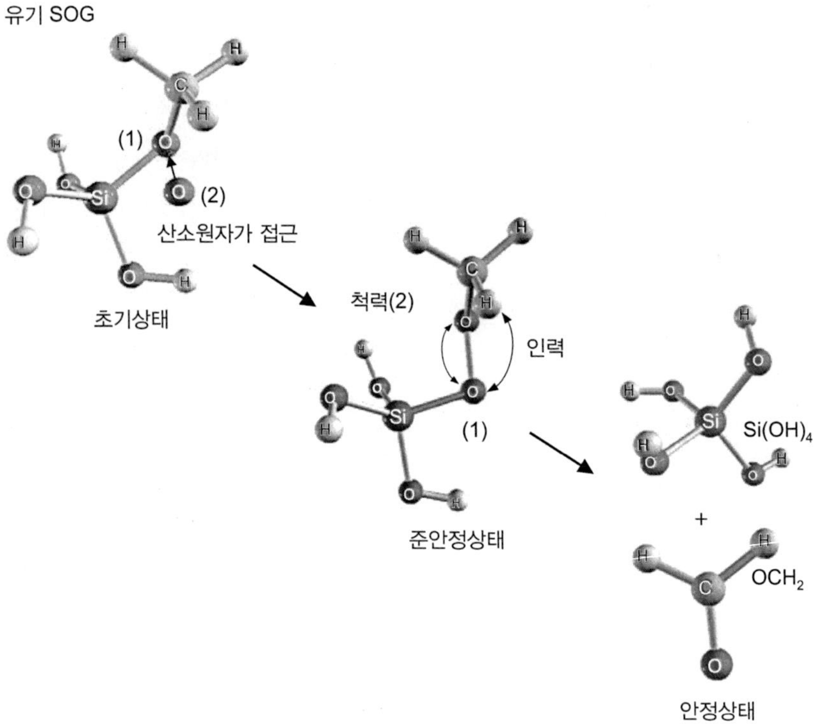

그림 6-5 산소 원자와 Low-k 박막(메틸 실록산계 유기 SOG) 반응[2]

Low-k 막으로 CH_3를 포함한 메틸실록산계의 유기 SOG를 사용하였고, 거기에 산소원자가 근접한 경우를 예로 들어 나타내었다. 산소원자가 접근하면 CH_3의 탈착반응이 발생하는 것을 알 수 있다. 그 결과, k 값이 상승하기도 하고, 다공질 상태로 산화된 부분의 식각속도가 빠르게 된다. 트렌치 식각에서 식각 가스 중에 포함된 산소는 서브 트렌치를 일으키는 원인이 된다. 서브 트렌치의 예를 **그림 6-6**에 나타내었다.[2)] 여기서는 메틸실록산계의 유기 SOG를 $C_4F_8/O_2/Ar$의 가스계로 식각하고 있다. 서브 트렌치의 발생 메커니즘은 **그림 6-7**에 나타내었다.[2)] 그림 6-7(1)에서 나타낸 것처럼 CF계의 폴리머는 트렌치 내부에 균일하게 부착되지 않고 트렌치 하부의 코너부근에서는 얇게 형성되어 있다. 따라서, 이 부근에서는 산소 라디칼에 의한 식각이 쉽고, 모재의 유기 SOG가 산소 라디칼에 접촉된다. 그 결과 위에서 언급한 반응에 의하여 이 부근에서의 식각속도가 증가하고 서브 트렌치가 발생한다. 서

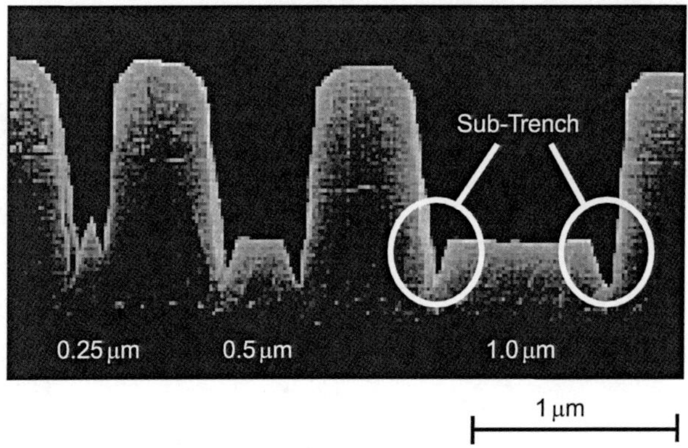

그림 6-6 $C_4F_8/O_2/Ar$으로 Low-k 막(메틸 실록산계 유기 SOG)을 식각한 경우의 Sub-Trench의 발생 예[2)]

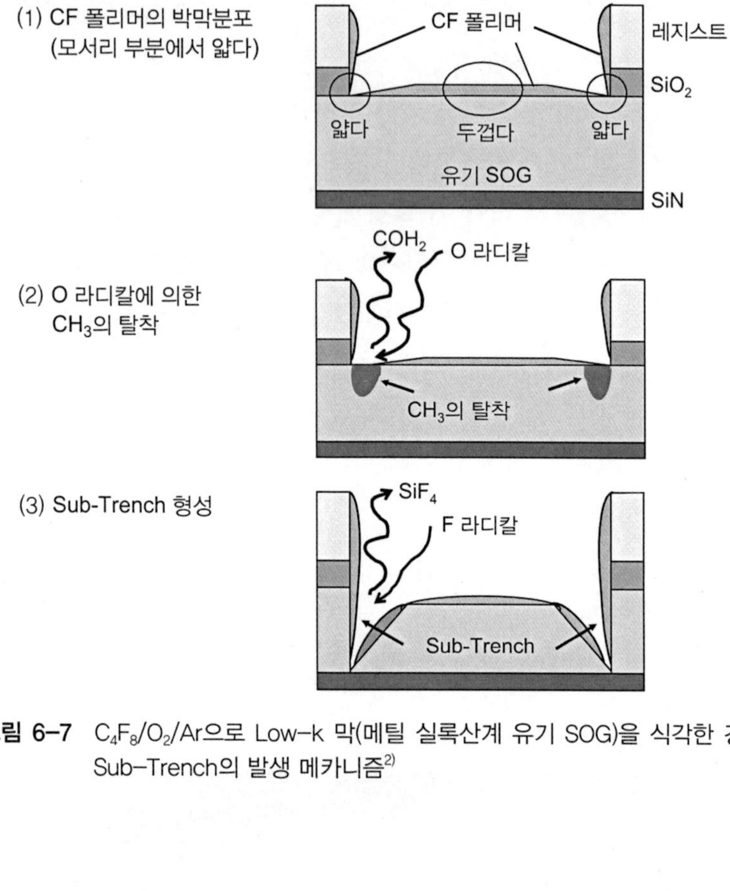

그림 6–7 $C_4F_8/O_2/Ar$으로 Low–k 막(메틸 실록산계 유기 SOG)을 식각한 경우의 Sub–Trench의 발생 메카니즘[2]

브 트렌치의 발생 억제는 O_2 농도의 최적화나[3] O_2 대신에 N_2를 사용하는 것으로 대응이 가능하다.[2] **그림 6–8**은 메틸실록산계의 유기 SOG를 $C_4F_8/N_2/Ar$의 가스계로 식각한 결과를 나타낸다. 언더 식각(Under Etching)의 경우도 오버 식각(Over Etching)의 경우도 서브 트렌치가 발생하지 않은 것을 알 수 있었다. **그림 6–9**에는 동일한 메틸실록산계의 유기 SOG 막에 대하여 O_2/C_4F_8의 농도를 최적화하여 듀얼 다마신 식각을 행한 예이다.[3]

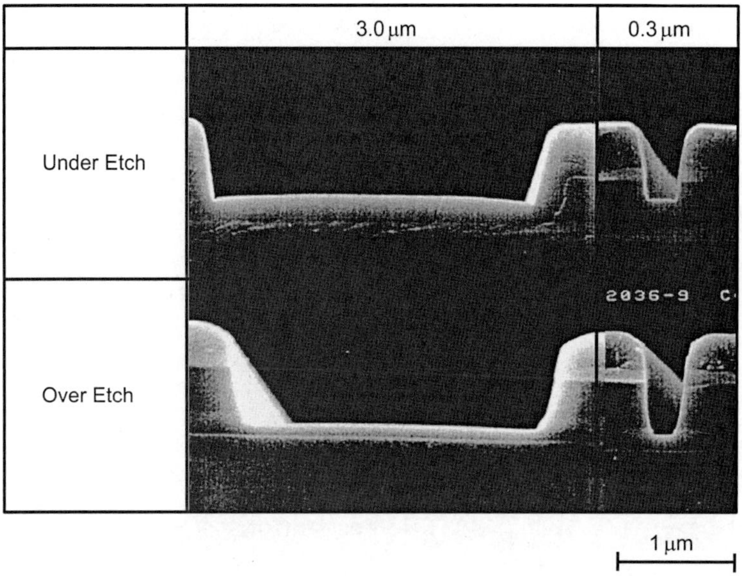

그림 6-8 $C_4F_8/N_2/Ar$에 의한 Low-k 막(메틸 실록산계 유기 SOG)의 식각 형상[2)]

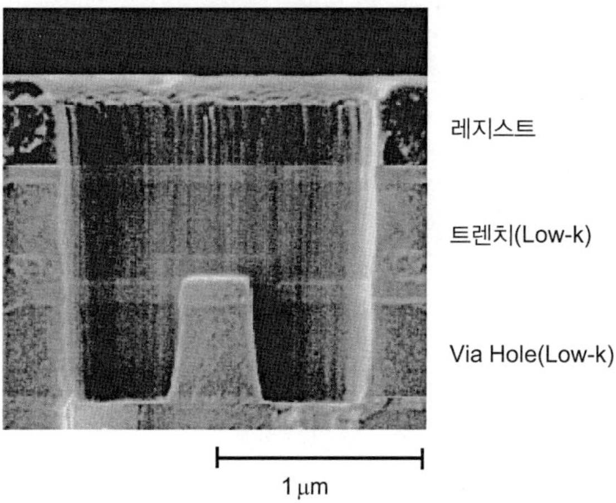

그림 6-9 Low-k 막(메틸 실록산계 유기 SOG)의 듀얼 다마신 식각 형상[3)]

CH_3를 포함한 Low-k 막은 에싱(Ashing)을 할 때에도 주의가 필요하다. **그림 6-10**(a)에서 나타낸 것처럼 산소 플라즈마를 사용한 에싱의 경우는 산소 라디칼에 의한 CH_3의 탈착이 발생한다.[4] 에싱 시에 발생하는 이 현상을 Low-k 손상(Low-k damage)라고 부른다. 손상을 입은 부분은 희석된 불산에서 가볍게 접촉하는 것만으로도 간단히 식각되어 날라간다. Low-k 막이 손상을 입으면 *k*값이 상승하기 때문에 Via hole보다 트렌치 식각 후에 에싱을 행할 때 특별한 주의가 필요하다. 왜냐하면 배선의 지연시간에 영향을 미치는 것은 트렌치 간의 용량이기 때문이다. 이 문제는 그림 6-10(b)에서 나타낸 것처럼 산소 이온으로 측벽에 치밀한 SiO_2 막(개질막)을 형성하는 것으로 대책이 가능하다.[4] 구체적으로는 에싱 시에 압력을 0.133 pa(1 mTorr) 정도까지 내려서 이온 성분을 증가시키거나, 기판 스테이지에 바이어스를 가하여 산소 이온을 주입시키는 바이어스 에싱이 효과가 있다.

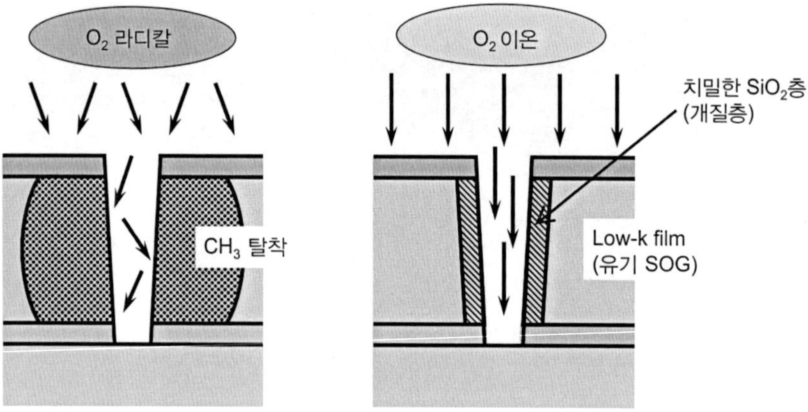

(a) O_2 라디칼에 의한 손상

(b) O_2 RIE에 의한 손상 방지(표면 개질층 형성)

그림 6-10 에싱(Ashing)시의 Low-k 막에 대한 손상과 그 대책[4]

그 외에 Low-k 막으로서 유기 고분자 막이 있다. SiO_2 등의 하드 마스크를 사용하여 O_2/N_2 가스로 식각하는 것이 일반적이지만[5], 오버 식각일 때에 Bowing 형상이 되기 쉽다. 보다 정밀도가 높은 가공의 경우는 N_2/H_2 가스 또는 NH_3 가스가 효과적이다.[6] 유기 고분자막도 레지스트 제거 공정이 문제가 된다. 레지스트 마스크로 하드 마스크를 개구(開口)할 때, 계속하여 O_2 RIE로 유기막을 식각할 때에 동시에 레지스트를 식각하여 날리는 공정이 보고 되었다.[7]

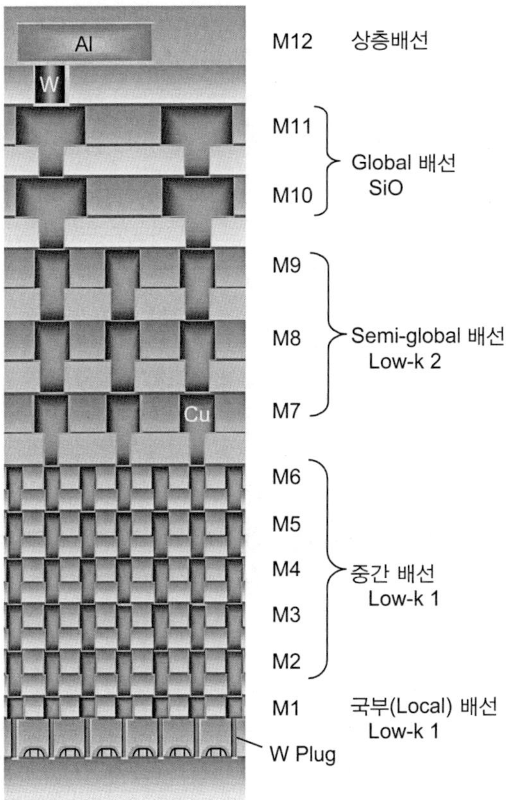

그림 6-11 듀얼 다마신(Dual Damascene)을 사용한 다층배선

실제 다층배선에서는 위에서 설명한 것과 같은 듀얼 다마신을 몇 층이건 중첩하여 형성한다. **그림 6-11**은 12층을 예로 나타내었다. 국부(Local) 배선이나 중간(intermediate) 배선은 배선 간격이 좁아서 가장 *k* 값이 낮은 Low-k 막을 사용한다. Semi-Global 배선에서는 그것보다 조금 *k*값이 높은 Low-k 막을 사용하고 Global 배선에서는 일반적인 SiO_2 막이 사용된다. 이 예에서는 12층째에 최상층 배선이 있는데 이 층은 본딩 패드(Bonding Pad)도 포함하기에 일반적으로 Al이 사용된다. 이 경우 배선 형성은 다마신 방법이 아닌 기존의 Al 식각기술이 사용된다.

6.3 다공성(Porous) Low-k를 이용한 다마신 배선

45 nm 세대에서부터는 *k* 값이 2.5 이하의 다공성(Porous) Low-k 막이 도입되었다. 다공성 Low-k 막에서는 에싱을 할 때의 손상이 더욱 심각하여 앞에서 언급한 대책으로는 불충분하다. 그래서, 듀얼 다마신 공정 순서 자체를 바꾸었다. **그림 6-12**에는 그 일례를 나타내었다. 여기서는 트렌치 식각을 위하여 메탈 하드마스크를 사용한 것이 핵심이다. 재료로서는 일반적으로 TiN가 많다.

그림 6-12의 공정(2)에 나타낸 것처럼 메탈 하드마스크를(메탈 HM로 표기)를 먼저 식각한다. 이곳에서는 메탈 식각장치를 이용하여 염소계 가스로 식각을 행하였다.

(3) 계속하여 에셔(Asher)로 레지스트를 제거한다. 이 과정에서 레지스트가 제거되기 때문에 트렌치 식각(Trench Etching) 후의 레지스트 제거공정이 필요 없으며, 손상을 방지하는 것이 가능하다.

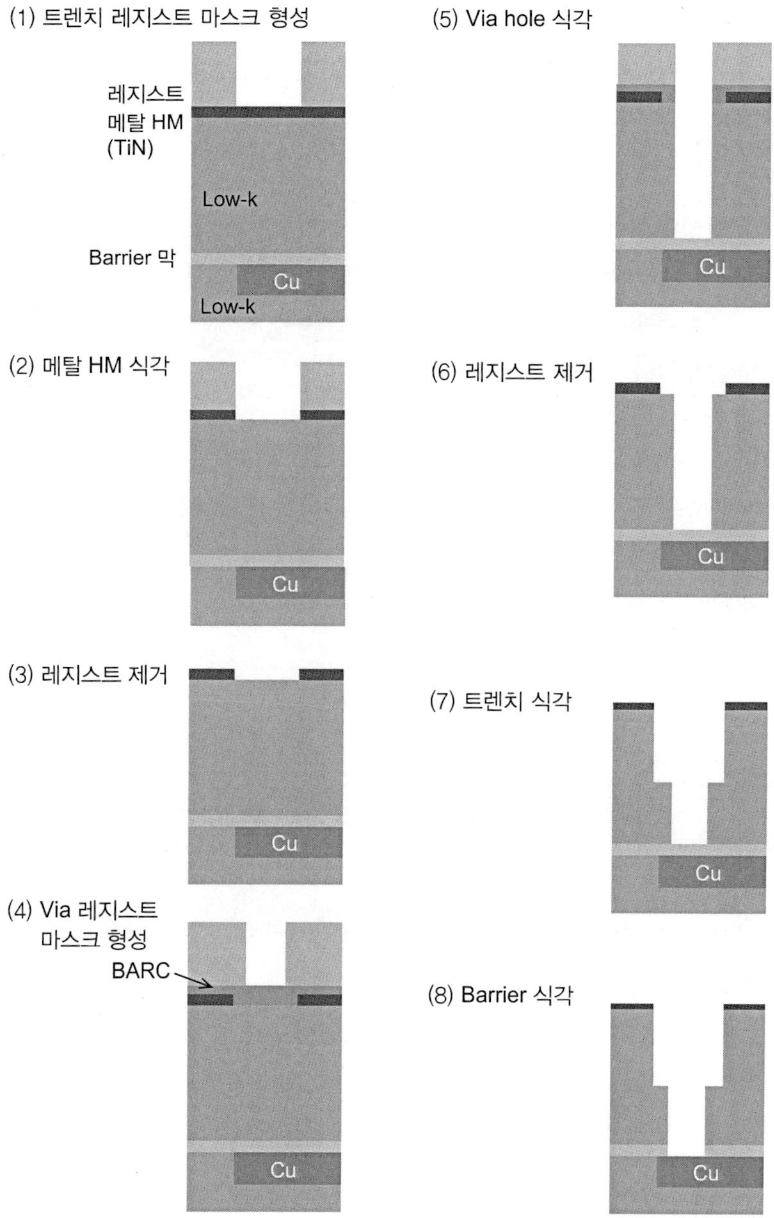

그림 6-12 Metal Hard Mask를 사용한 듀얼 다마신 공정 흐름도

(4) 다음으로 비아 홀(Via Hole)용의 레지스트 패턴을 형성한다. 그림 안에 있는 BARC는 Bottom Anti Reflection Coating의 약자로 반사방지막을 의미한다.
(5) 비아 홀 식각을 행한다.
(6) 레지스트를 제거한다.
(7) 먼저 형성된 메탈 하드 마스크로 트렌치를 식각한다.
(8) 계속하여 베리어(Barrier) 박막 식각을 실시 하고, 듀얼 다마신 식각을 완료한다.

이 공정에서 트렌치 식각의 마스크로서 TiN와 같은 메탈 하드마스크를 이용하는 것은 포러스(Porous) Low-k에 대한 충분한 선택비를 얻기 때문이다. 또한, 이 공정에서 비아(Via)를 형성하기 전에 트렌치 마스크를 형성하기 때문에 트렌치 퍼스트(Trench First) 방식이라고 불리기도 한다.

6.4 금속 게이트/High-k 식각

디바이스의 미세화와 함께 게이트 절연막은 박막화 되었다. 구체적으로는 45 nm 노드에서는 산화막 환산 막두께 EOT(Equivalent Oxide Thickness)는 1.0 nm 정도까지 박막화 된다. 여기에서 문제가 되는 것은 누설전류(Leak Current)의 증가이다. 65 nm 노드까지는 SiON 박막으로 대응이 가능하였지만, 45 nm 노드 이하에서는 게이트 누설전류가 무시할 수 없게 되었다. 대응책으로서 45 nm 노드에서는 SiON 박막 대신에 High-k 박막이 도입되었다. High-k 박막을 사용하면 유전율이 높아지는 대신에 박막화 하지 않아도 실제적으로는 박막화 된 것과 같은 동일한 효과를 얻을 수 있어서 누설전류의 증가를 방지하는 것이 가능하게 되기 때문이다. High-k 박막의 후보 막으로서는 여러 가지 박막들이 검토되었지만, 거의 Hf 계열의 박막, 즉 HfO_x나 $HfSiO_x$으로 좁혀지고 있다.

게이트 전극재료에 관하여서는 기존의 Poly-Si의 경우, 공핍층이 형성되기 때문에 실제적인 게이트 절연막 두께 증가가 초래되는 문제점이 있다. 그러므로 45 nm 노드에서부터는 공핍층의 형성이 없는 금속 게이트(Metal Gate)가 도입되었다. 금속 게이트로서 여러 종류의 재료가 검토되었으나, 45~32 nm 노드에서는 주로 TiN나 TaN가 사용되고 있다.

금속 게이트/High-k 구조는 45 nm 노드에서 처음으로 도입되어[8] 32 nm 노드에서 본격화 되었다. 금속 게이트/High-k의 형성 공정으로서는 **그림 6-13**에서 나타낸 것처럼 게이트 퍼스트(Gate First) 방식[9]과 게이트 라스트(Gate Last) 방식[8]이 있다.

게이트 퍼스트(Gate First) 방식은 공정 흐름도 자체는 기존의 Poly-Si 게이트 형성 방식과 동일하다. 그림 6-13(a)에서 나타낸 것처럼

(1) 금속(Metal)/High-k를 퇴적한 후,
(2) 이 적층막을 식각하여 게이트를 형성
(3) 계속하여 SDE 이온주입 실시, 스페이서(Spacer) 형성, SD 이온주입, 활성화를 위한 어닐(Anneal), 실리사이드 형성을 행하여 게이트 형성 공정을 완료한다.

게이트 퍼스트 방식은 제작순서가 간단하고, 공정이 짧으며, 제조비용이 저렴하다는 장점이 있다. 하지만, 이 공정은 금속/High-k의 구조

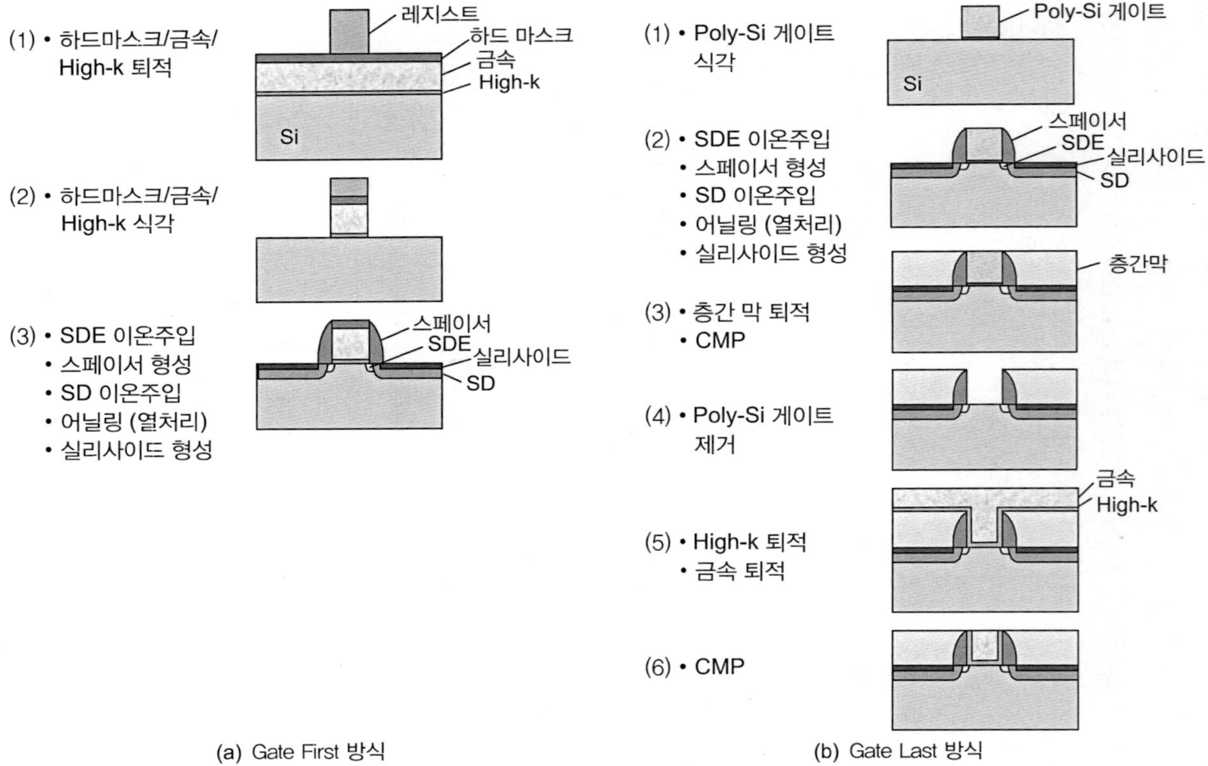

그림 6–13 금속 게이트/High–k 형성 공정

를 형성한 후에 활성화 어닐과 실리사이드 형성 등의 고온 열처리 과정이 들어가기 때문에 일 함수가 저하하고 MOS 트렌지스터의 문턱전압 V_{th}가 크게 되는 내열성의 문제가 발생되기 쉽다. 또한, 금속/High-k의 구조의 식각 난이도가 높을 뿐 아니라 게이트 식각 시에 풀어야 하는 문제가 많다. 구체적으로는 식각의 형상제어, 잔사, Si recess(Si 기판 패임) 등의 문제가 있다.

게이트 라스트(Gate Last) 방식은 먼저 Poly-Si으로 게이트를 형성하고, 이온 주입, 활성화 어닐(Anneal), 실리사이드(Silicide) 형성 등으로 열처리를 완료한 후에, Poly-Si 게이트를 제거하고 형성된 트렌치 내에 High-k 박막, 금속을 매립시키고 CMP로 평탄화하여 금속/High-k 구조의 게이트를 형성한다.

가장 먼저 Poly-Si 게이트를 만들고, 그 다음 금속 게이트/High-k로 치환하는 것으로부터 Replacement gate(치환 게이트) 방식이라고도 불리운다. 공정 흐름도를 그림 6−13(b)에 나타내었다.

(1) 먼저 Poly-Si 게이트 식각을 행하고, Poly-Si 게이트를 형성
(2) 다음으로 SDE 이온주입, 스페이서 형성, SD 이온주입, 활성화 어닐, 실리사이드 형성을 실시
(3) 층간 박막을 형성한 후, CMP로 평탄화 실시
(4) Poly-Si 게이트 제거
(5) High-k 박막 및 금속 매립
(6) CMP로 평탄화 하여 금속/High-k 게이트 형성 공정 완료

게이트 라스트 방식에서는 금속/High-k를 형성하기 전에 열처리 공정이 종료되기 때문에 내열성의 문제가 없어서 공정이 안정적이다. 그리고, 게이트를 형성하기 위해 행해야 하는 식각이 Poly-Si 식각이기 때

문에 하드 마스크/금속/High-k 구조를 식각 하는 것과 비교하면 식각이 비교적 용이하다. 하지만 제작순서가 복잡하고, 공정이 길며, 제조비용이 높다는 단점이 있다.

본 절에서는 가공 면에서의 과제가 많은 게이트 퍼스트(Gate First) 방식의 식각 기술에 대하여 언급한다. **그림 6-14**는 금속 게이트/High-k에서 사용되는 대표적인 재료를 나타내었다.[10] High-k 박막으로는 Hf의 산화물인 HfO_2, $HfSiO_2$, HfSiON 등이 사용된다. 금속으로는 TiN나 TaN가 사용되며, 금속과 High-k 박막 사이에는 MOS 트렌지스터의 문턱전압 V_{th}를 조정하기 위하여 1 nm 정도의 얇은 Cap 금속이 삽입되었다. Cap 금속 재료로서는 N형 MOS 트랜지스터의 경우는 LaO, P형 MOS 트렌지스터의 경우는 AlO가 일반적으로 사용되고 있다. 금속 자체의 두께는 10~20 nm 정도이며, 그 위에 100 nm정도의 Poly-Si이 놓인 적층구조가 일반적이다. 금속인 TiN나 TaN는 할로겐계의 가스를 이용하여 간단하게 식각이 가능하다. 문제는 High-k 박막의 식각이다. High-k 박막의 식각이 어려운 것은 주된 이유로 반응 생성물이 비휘발성 물질이기 때문이다. High-k 박막의 식각의 경우, 마스크에 대

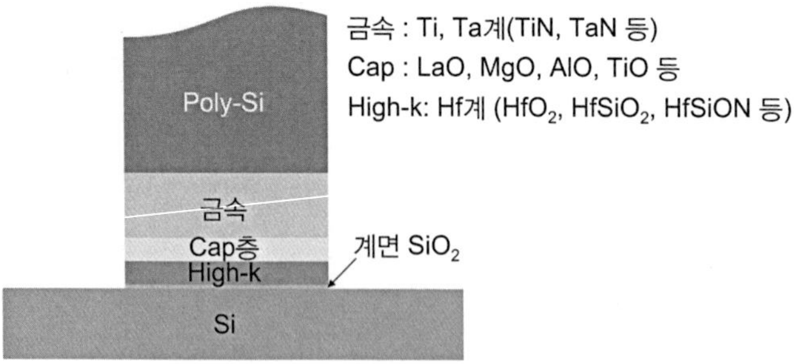

그림 6-14 금속 게이트/High-k용 재료[10]

한 충분한 선택비를 가지고, 게이트 식각형상에 영향을 미치지 않으면서 모재의 소스-드레인 영역에 손상을 주지 않아야 한다. Hf 염화물은 불화물과 비교하면 증기압이 높기 때문에[11] 일반적으로는 HfO_2의 식각을 위해서 BCl_3/Cl_2가 사용된다. High-k 박막이 Si을 함유한 $HfSiO_2$의 경우는 Si 할로겐화물의 증기압이 높기 때문에 HfO_2과 비교하면 식각은 용이하다.[11] **그림 6-15**는 온도에 따른 HfO_2/SiO_2 선택비와 BCl_3/Cl_2 유량비의 관계를 조사한 결과이다. 식각장치로는 TCP 플라즈마 식각장치를 사용하였다.[10] 30ºC에서 275ºC까지의 모든 온도 영역대에서는 BCl_3/Cl_2의 유량비를 최적화 하는 것으로 무한대의 HfO_2/SiO_2 선택비가 얻어졌다. 무한대의 선택비는 표면에 BCl_xO_y가 퇴적됨으로 인하여 얻어진 것으로 생각된다.

또 다른 주의를 요하는 것은 La의 잔류물이다. 앞에서 언급한 것처럼 N형 MOS 트렌지스터의 경우는 High-k 박막 위에 LaO cap막이 사용된

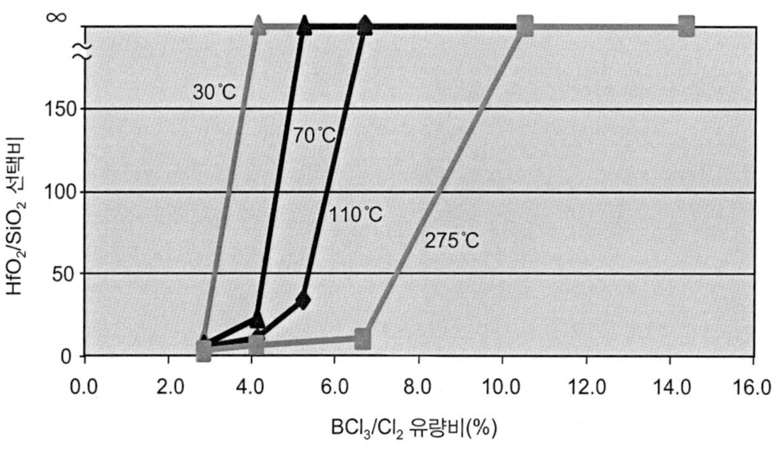

그림 6-15 HfO_2/SiO_2 선택비와 BCl_3/Cl_2 유량비 관계[10]

다. La의 반응 생성물은 비휘발성이기 때문에 잔사(殘渣, 찌꺼기 남음)의 원인이 되는 경우가 많다. 이 잔사는 일반적으로 건식식각 후의 습식 세정으로 제거한다. 이때 건식식각과 습식세정 간의 방치시간이 길어지면 잔사의 제거가 어렵게 된다.[12] 따라서, 건식식각 후는 신속하게 습식 세정을 하는 것이 필요하다. **그림 6-16**은 습식세정이 적절했을

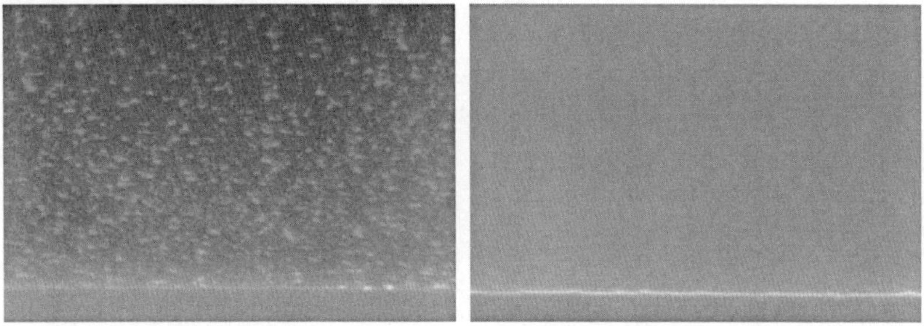

(a) 부적절한 습식 세정(La 잔류물 있음) (b) 적절한 습식 세정(La 잔류물 없음)

그림 6-16 습식 세정에 의한 La 잔류물의 제거[10]

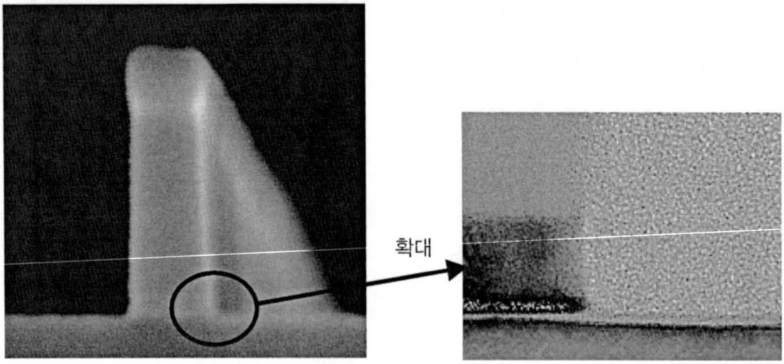

그림 6-17 금속 게이트/High-k 식각 형상[10]

때와 그렇지 않았을 때의 결과를 나타낸다.[10] 이렇게 하여서 얻어진 최종적인 식각형상을 **그림 6-17**에 나타내었다.[10] 게이트 전극은 Poly-Si/TiN의 적층박막이다. Si Recess가 전혀 없는 수직인 식각 형상이 얻어졌다.

6.5 FinFET 식각

22 nm 노드로부터 입체구조의 FinFET이 도입되었다.[13] FinFET은 **그림 6-18**에서 나타낸 것처럼, 박막의 Si층(Fin, 상어 지느러미 형태)을 기판에 대하여 수직으로 형성하고, 그 층을 게이트에 끼워 넣은 구조로 되어 있다.[15] 이중 게이트 구조이기 때문에 Short Channel Effect(쇼트

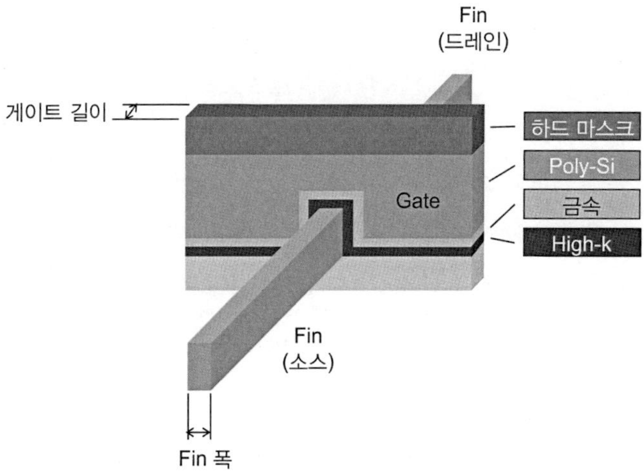

그림 6-18 FinFET의 구조[15]

채널 효과)의 억제가 가능하고, 드레인 전류도 크게 얻을 수 있으며, 트렌지스터의 특성의 불규칙 분포를 감소시키는 특징을 가지고 있다.[14)]22 nm 노드의 경우, 게이트 길이는 26 nm 정도이며 Fin의 폭은 8 nm 정도이다. FinFET에 있어서 게이트 식각은 고단차부(高段差部)에서 식각 잔사가 생기기 쉽기 때문에 상당히 난이도가 높다.

그림 6–19는 FinFET에 있어서 금속 게이트/High-k 식각의 공정 흐름도를 순서대로 나타내었다.[15)]

(1) Poly-Si 식각 전의 상태를 나타낸다.

(2) 주(Main) 식각은 이방성이 상당히 강한 공정으로 80 nm였던 Poly-Si을 60 nm까지 식각을 행하고, TiN 막이 노출되기 전에 멈춘다. 식각량은 빛의 간섭을 이용한 깊이 모니터링으로 정밀하게 제어한다. 이 공정에서 Poly-Si의 형상은 거의 결정된다.

(3) 바이어스를 높이고, 동시에 측벽 보호막을 강화할 수 있도록 가스비를 조정하여 Poly-Si/TiN = 20 정도의 선택비가 높은 공정으로 50~60 nm 정도의 Poly-Si 식각을 행한다. 이때 Fin을 따라 Poly-Si이 줄(Stringer) 형태로 남는다.

(4) 과도식각(Over Etching) 공정에서는 등방성 성분을 추가하여 더욱 높은 Poly-Si/TiN 선택비 공정으로 Fin을 따라 Poly-Si 잔류물을 식각하여 제거한다.

(5) 이방성이 강한 식각공정으로 TiN을 중도까지 식각을 하고, 다음으로 등방성 성분을 추가한 TiN/High-k 고선택비 공정으로 TiN을 식각한다.

(6) High-k 박막을 건식식각으로 중도까지 식각한 후, 습식식각으로 잔류 High-k 박막을 제거한다. 습식식각에서는 모재(母材)인

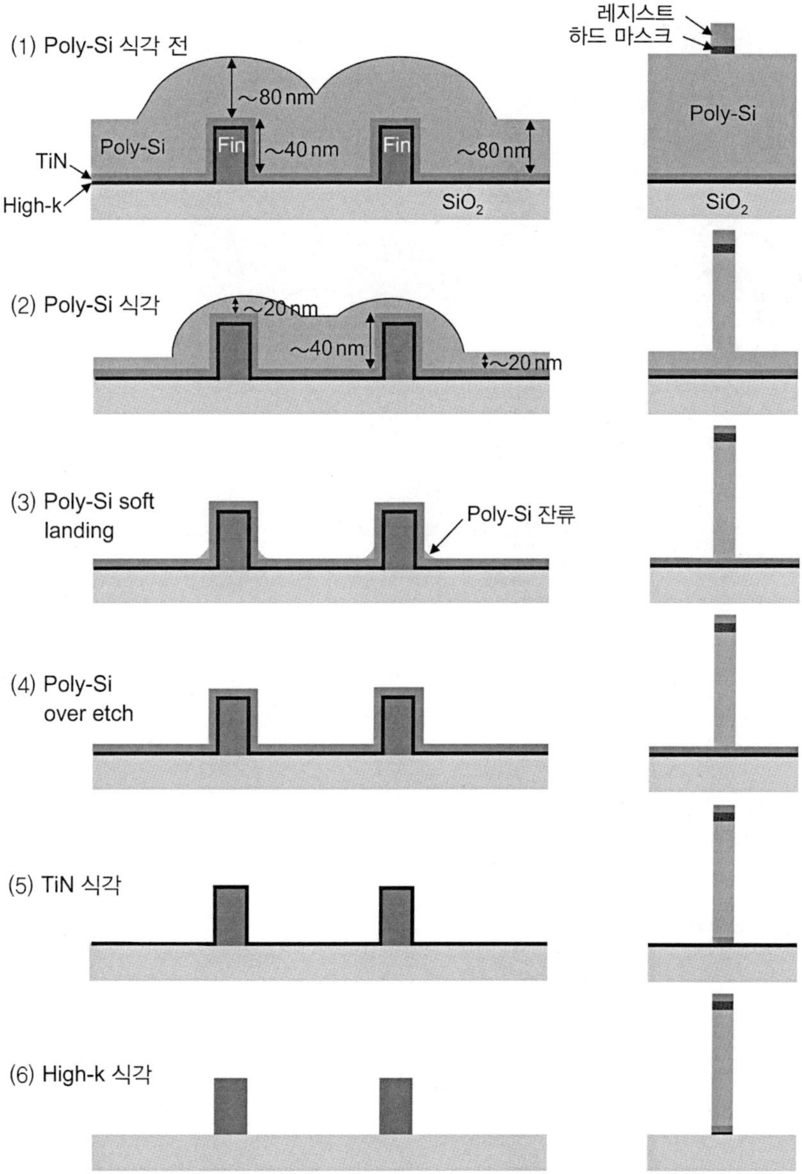

그림 6-19 FinFET의 금속 게이트/High-k의 식각 공정 흐름도[15)]

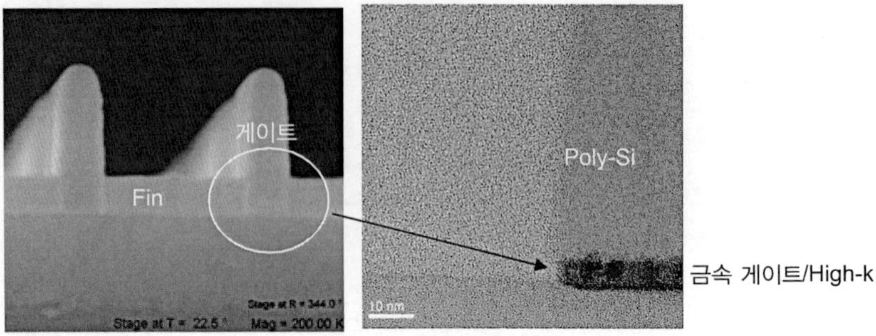

(a) 게이트 단면

(b) Fin 단면

그림 6-20 FinFET의 금속 게이트/High-k의 식각형상[15)]

SiO_2와의 높은 선택비가 얻어졌다. **그림 6-20**에는 식각 결과를 나타내었다.[15)] 수직으로 게이트 식각 형상이 나타나 있고(그림 6-20(a)), Fin을 따라 식각 잔류물도 없음을(그림 6-20(b)) 나타내고 있다.

6.6 다중 형상화(Multi-Patterning)

리소그라피 기술에 있어서 해상도는 노광(露光)시에 사용되는 빛의 파장에 비례한다. 보다 미세한 패턴을 형성하기 위해서는 파장이 짧은 광원을 이용할 필요가 있다. 현재, 양산용으로 사용되고 있는 가장 미세한 패턴 형상이 가능한 리소그라피 기술은 ArF 액침 리소그라피 기술이다. 이것은 ArF 엑시머 레이저(파장: 193 nm)를 광원으로 사용하고 렌즈와 기판 사이에 물 등의 액체를 채워 넣은 것으로 굴절율을 높여서 보다 미세한 패턴 형성이 가능하게 하는 기술이다. 하지만, 22 nm 노드 이하에서는 이 ArF 액침 리소그라피 기술을 가지고 행하여서도 패턴 형성이 어렵다. 차세대 리소그라피 기술로서 자리매김하고 있는 EUV(Extreme Ultraviolet) 리소그라피 기술은 광원으로 13~14 nm 영역의 X선을 사용한 노광기술로서 Logic device에서 일부 적용되어 있다. 하지만, EUV 리소그라피 기술에는 여러가지 해결해야 할 많은 문제가 있어서 본격적인 양산에는 도달하지 않았다. 이로인해 해결방법으로 등장한 것이 다중 패터닝(Multi-patterning) 기술이다.

6.6.1 SADP(Self-Aligned Double Patterning)

먼저 패턴 밀도를 2배로 하는 이중 형상화(더블 패터닝)에 대하여 언급한다. 이중 형상화 방법으로는 몇 가지 방식이 있으나, 가장 많이 사용되고 있는 것이 자기 정렬 스페이서(Self-Aligned Spacer) 방식이다. 이는 이방성 식각의 특성을 정교하게 응용한 미세 마스크 패턴 형성 기술이다. 이 방식의 경우, 미리 형성하여 둔 코어 패턴의 측벽에 스페이서를 형성하고, 다음으로 코어 패턴을 제거한다. 그 결과 스페이서만이 남게 되어 이 스페이서가 원하는 최종 구조로 결정되어 사용된다. 각각의 코어 패턴의 양 측면에 2개의 스페이서가 있기 때문에 패턴의 밀도는 2배가 된다. 이 방식을 자기 정렬 이중 형상화/패터닝(SADP, Self-Aligned Double Patterning)이라고 부른다.

그림 6-21은 SADP의 공정 흐름도를 나타내었다.

(1) 먼저 Si 기판 위에 하드 마스크 박막, 코어 박막을 퇴적시키고, 그 위에 리소그라피 기술로 레지스트 패턴을 형성한다.

(2) 다음으로, 코어 박막을 식각하여 코어 패턴을 형성한다.

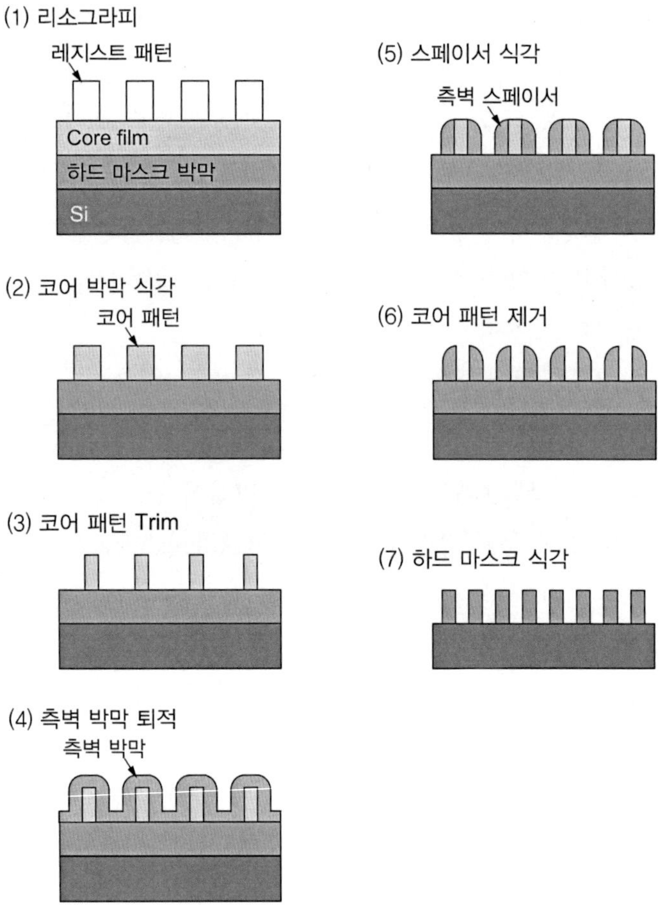

그림 6-21 SADP의 공정 흐름도

(3) 코어 패턴을 사이드 식각(Trimming)하여 패턴을 가늘게 만든다.
(4) 코어 패턴 위에 측벽 박막을 퇴적(Deposition)시킨다.
(5) 이방성(Anisotropic) 식각으로 측벽 박막을 식각하면 측벽 스페이서가 형성된다.
(6) 코어 패턴을 제거하여 측벽 스페이서만 남긴다. 이때 측벽 스페이서의 간격(Pitch)은(1)의 레지스트 패턴의 간격과 비교하여 1/2이 되어 있는 것을 알 수 있다. 즉, (1)의 레지스트 패턴의 간격이 80 nm(40 nm 라인/ 40 nm 스페이서)인 경우, (6)에서 얻은 측벽 스페이서의 간격은 40 nm(20 nm 라인/ 20 nm 스페이서)가 된다.
(7) 이 측벽 스페이서를 마스크로 하여 모재의 하드 마스크 박막을 식각하면 본래의 패턴의 1/2 간격의 패턴이 얻어진다. 이처럼 SADP는 리소그라피의 해상도 한계의 1/2의 라인과 스페이스 패턴을 형성하는 것이 가능하다.

코어박막 및 측벽박막의 재료는 코어패턴을 제거할 때에 스페이서와의 선택비를 충분히 가질 수 있으면서도 모재의 박막과 선택비를 고려하여 선정 하여야 한다. 일례로 코어박막 SiO_2, 측벽박막으로 아모퍼스 Si의 조합 또는 코어박막으로 레지스트, 측벽박막으로 SiO_2 등의 조합이 사용된다. 코어 패턴이 레지스트의 경우, 레지스트는 내열성이 낮기 때문에 측벽박막의 SiO_2는 저온에서 형성할 필요가 있다.

이처럼 나타낸 공정 흐름도를 통하여 알 수 있듯이 SADP에서는 최종 size CD는 코어 패턴의 형성 및 스페이서 형성으로 결정되기 때문에 측벽 박막의 퇴적 및 각 단계에서의 식각제어가 상당히 중요하다(**그림 6-22**). **그림 6-23**은 SADP를 사용하여 형성된 32 nm 라인/ 32 nm 스

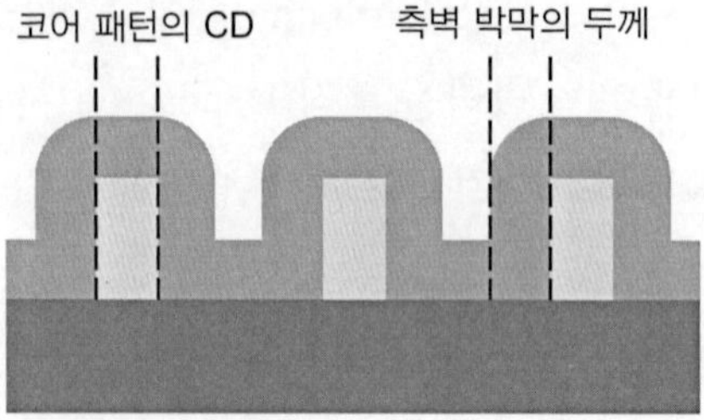

그림 6-22 SADP에서는 코어 패턴의 식각 CD와 측벽 두께가 최종 CD를 결정한다

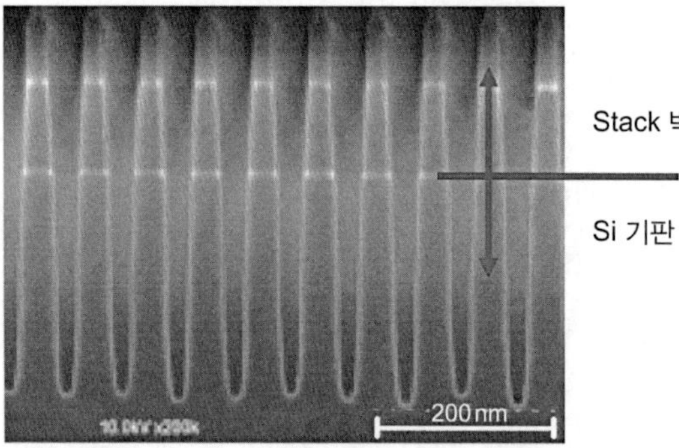

그림 6-23 SADP로 형성된 32 nm Line & Space[16)]

페이스의 STI 단면 SEM 사진을 나타낸다.[16)]

6.6.2 SAQP(Self-Aligned Quadruple Patterning)

자기정렬 스페이서 방식의 한가지 특징은 원리적으로 스페이서 형성과 패턴 전사(転寫) 단계를 반복하는 것으로부터 패턴의 밀도를 한없이 2배로 가능하다는 것이다. 예를들어 이중 형상화(이중 패터닝)을 2

번 반복하는 것으로 간격을 본래의 1/4로 만드는 것이 가능하다. 이것은 쿼드 패터닝이라고 불리며, 자기정렬 스페이서 방식의 쿼드 패터닝

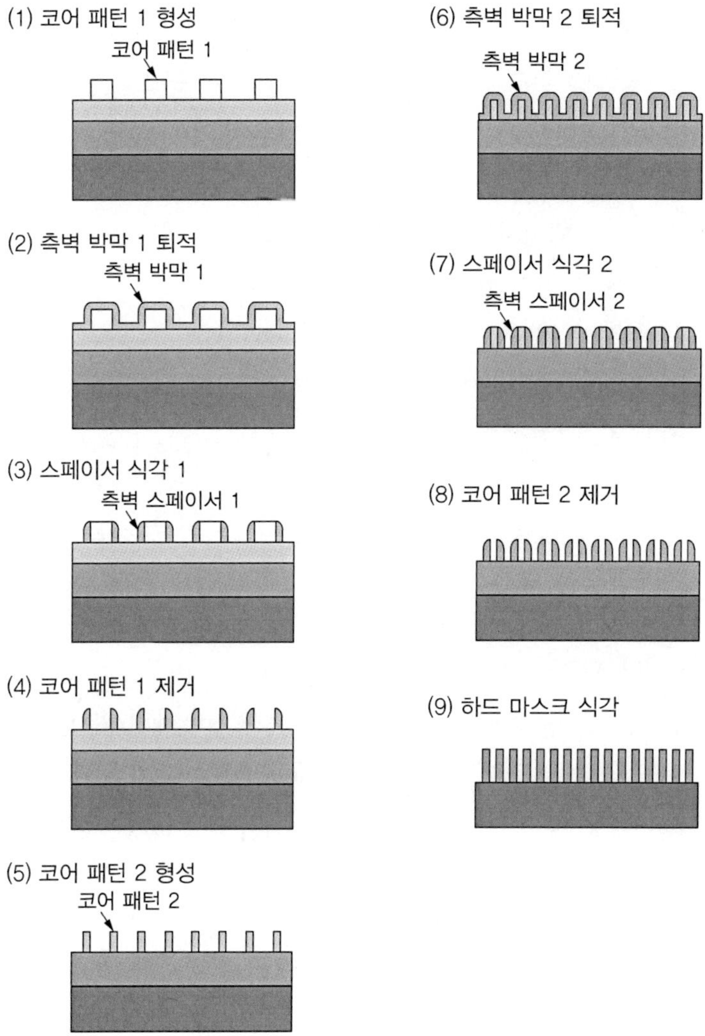

그림 6-24 SAQP의 공정 흐름도

을 SAQP(Self-Aligned Quadruple Patterning)이라고 부른다. **그림 6–24**는 이 패턴 형성의 공정 흐름도를 나타낸다.

(1) 먼저, 코어패턴 1을 형성한다.
(2) 다음으로 코어패턴 1위에 측벽박막 1을 퇴적시킨다.
(3) 이방성 식각으로 측벽박막 1을 식각하고, 측벽 스페이서 1을 형성한다.
(4) 코어패턴 1을 제거하여 측벽 스페이서 1을 남긴다.
(5) 이 측벽 스페이서 1을 마스크로 하여 모재의 박막을 식각하고, 코어패턴 2를 형성한다.
(6) 코어패턴 2 위에 측벽박막 2를 퇴적시킨다.
(7) 이방성 식각으로 측벽박막 2를 식각하고, 측벽 스페이서 2를 형성한다.
(8) 코어패턴 2를 제거하여 측벽 스페이서 2를 남긴다.
(9) 이 측벽 스페이서 2를 마스크로 하여 하부 모재(母材)의 하드 마스크 박막을 식각하면 초기 패턴의 1/4 간격의 패턴이 얻어진다.

193 nm의 ArF 액침 리소그라피 기술을 사용하는 경우, **그림 6–25**에서 나타낸 것처럼 SADP는 40 nm 간격(20 nm 라인/20 nm 스페이스)의 패턴 형성이 가능한 것에 대하여 SAQP는 20 nm 간격(10 nm 라인/10 nm 스페이스)의 패턴 형성이 가능하다. 예를들어 SADP나 SAQP는 FinFET의 라인, 다층배선의 라인&스페이스, 메모리 디바이스의 비트라인(Bit line)이나 워드라인(Word line) 형성 등에 사용된다. SAQP를 mid−1x nm 메모리의 워드라인 형성을 위하여 적용한 예가 보고 되었다.[17)]

SADP나 SAQP에서는 앞에서 언급한 것처럼 측벽박막의 퇴적(De-

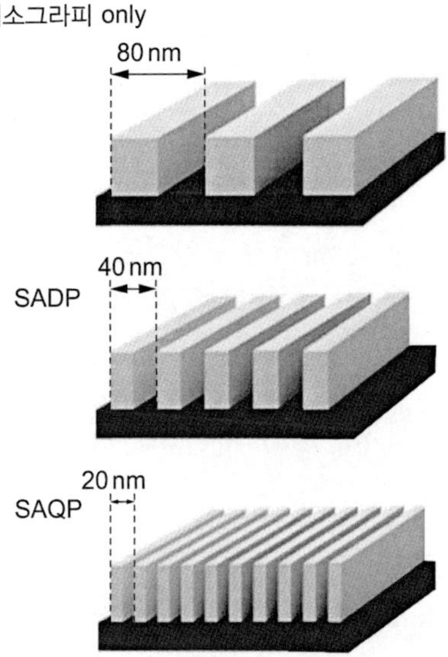

그림 6-25 193 nm의 ArF 액침 리소그라피 기술을 사용한 경우, SAQP에 의한 20 nm pitch(10 nm line/10 nm space)의 패턴 형성이 가능

position) 및 각 단계에서의 식각이 완성된 최종 *CD*를 좌우한다. 따라서, *CD*의 불규칙을 억제시키기 위해서는 측벽박막의 퇴적과 식각단계의 변동을 최소화 시키는 것이 중요하다. 측벽박막의 퇴적단계에서는 피복성(被覆性)이 뛰어나고, 상당히 균일한 고품질의 박막을 퇴적(堆積) 또는 성막(成膜)하는 것이 요구된다. 예를 들어 20~30 nm의 박막 두께에 대하여서 허용되는 기판 면내의 막 두께 오차는 수 Å이다. 이것을 실현시키기 위하여서 원자수준으로 반응을 제어하는 기술, 즉 ALD(Atomic Layer Deposition) 기술이 사용되고 있다.

SADP나 SAQP 같은 다중 패터닝 방식에 있어서도 식각이 반복하여 사용되지만, 식각의 횟수가 증가함에 따라 *CD*의 불균일성은 커지게 된다. 해결책으로는 3장의 3.1.2에서 언급한 것처럼 기판 면내의 온도분포를 조정 가능한 Tunable ESC가 사용된다. 그리고, 측벽박막의 퇴적이나 식각 각각의 단위 공정의 균일성이 좋다 하더라도, 조합을 하게 되면 불균일성이 크게 되는 경우가 있다. 이러한 경우에도 Tunable ESC를 사용하는 것으로 이것을 상쇄시켜 균일성을 개선하는 것이 가능하다.

6.7 3D NAND/DRAM용 고종횡비 홀(Hole) 식각

그림 6-26은 DRAM의 단면구조를 나타낸 것이다. DRAM에서는 캐패시터나 HARC(High Aspect Ratio Contact)라고 불리우는 컨택홀과 같은 종횡비(깊이/홀 직경)가 상당히 큰 홀(Hole)을 식각하는 기술이 요구된다.

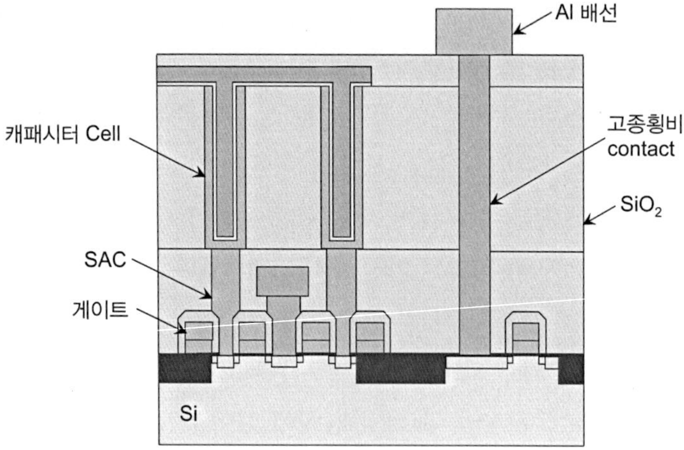

그림 6-26 DRAM 단면 구조

같은 형태의 고종횡비 홀의 식각은 플래시 메모리(Flash Memory)에서도 요구된다. 플래시 메모리는 집적도를 높이기 위하여 기존의 평판 형태에서 **그림 6-27**에서 나타낸 것과 같은 메모리 셀 어레이를 3차원으로 적층(積層)한 3D NAND로 옮겨가고 있다. 3D NAND에서는 SiO_2와 Si_3N_4의 박막을 반복하여 수 십층을 적층한 후, 이 적층막에 종횡비가 상당히 큰 메모리 홀을 형성한다. 현재 양산되고 있는 96층의 3D NAND에서는 메모리 홀의 종횡비가 60 이상이며 마스크까지 포함하면 종횡비는 더욱 커지게 된다.

3D NAND나 DRAM의 고종횡비 홀의 식각으로는 SiO_2 식각장치가 사용된다. **그림 6-28**은 식각의 기술과제를 나타낸다. 에치 스톱(Etch Stop)이나 트위스팅(Twisting) 방지하기 위해서는 고에너지의 이온을 홀의 심층부(深層部)까지 충분하게 도달시킬 필요가 있다. 그러기 위해서는 **그림 6-29**(b)에서 나타낸 것처럼 입사 이온의 각도분포를 좁게 할 필요가 있다.

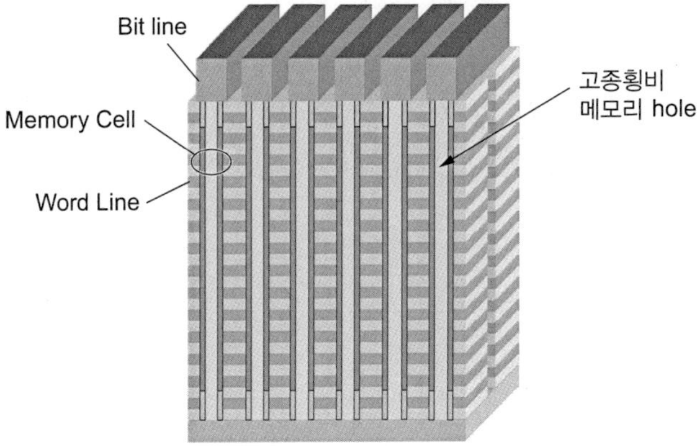

그림 6-27 3D NAND Flash 메모리의 구조

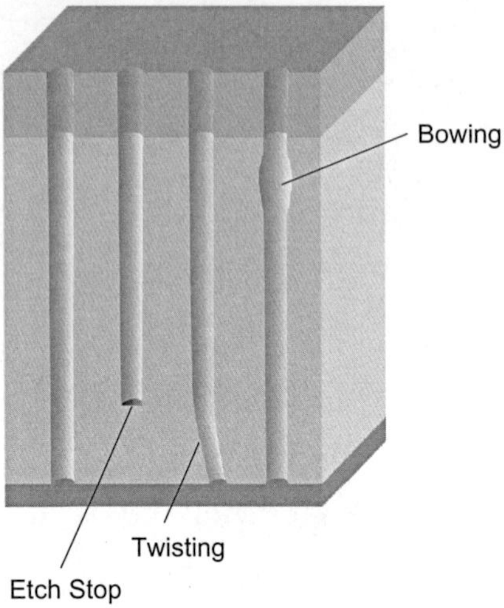

그림 6-28 고종횡비 Hole식각의 기술과제

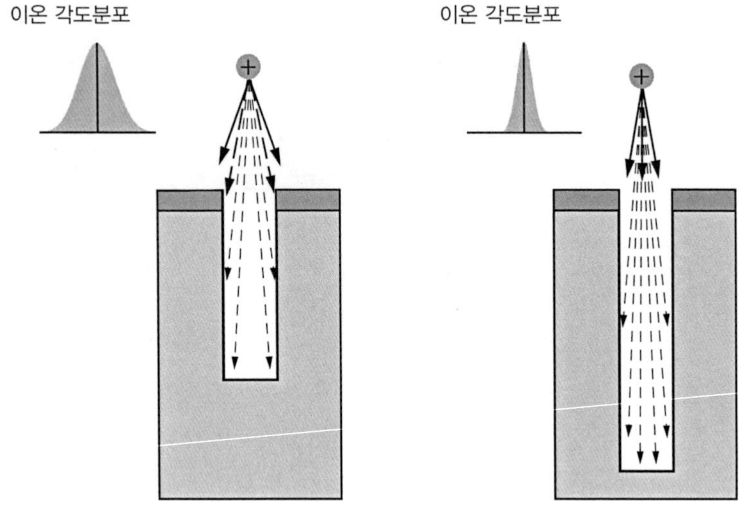

(a) 입사 이온의 각도분포가 넓은 경우 (b) 입사 이온의 각도분포가 좁은 경우

그림 6-29 고종횡비 Hole 식각의 대응책[20)]

입사 이온의 각도분포를 좁게 하기 위해서는 제일 필요한 것이 저압 영역을 사용하는 것이다. 2장의 2.2.2에서 언급한 것처럼 압력을 낮추는 것으로 이온의 충돌이 감소하기 때문이다. 그리고, 이온의 가속전압을 크게 하는 것도 입사 이온의 각도분포를 좁히기에 효과적이다. 이온의 가속전압을 크게 하여 이온 에너지를 높이기 위해서는 저주파, 고파워의 RF 전원을 사용하는 것이 좋다.

RF 주파수를 낮추게 되면 이온이 RF 주파수에 추종하는 것이 가능하게 되기 때문에 이온 에너지는 V_{dc}에 더하여 V_{pp}에도 의존하게 된다.[18] 그렇기 때문에 저주파에서는 높은 이온 에너지를 얻는 것이 가능하다. 최근에는 800 kHz 이하의 주파수가 쓰이고 있다.

휨(Bowing)은 홀의 중간에 사이드 식각이 들어가서 형상이 활형이 되어 버리는 현상을 말한다. **그림 6-30**은 그 메커니즘을 도식화한 것이다.[19] 휨 현상은 이온이 마스크 끝부분에서 반사하여 홀의 벽면에 부딪침으로 인하여 생긴다. 벽면으로의 폴리머 퇴적을 고려하면 CF_2는 부착계수가 0.004로 작기 때문에 벽면에서의 반사를 반복하면서 아랫부분까지 도달하지만, C는 부착계수가 0.5로 크기 때문에 레지스트 마스크나 홀 상부에 폴리머를 형성한다. 홀 상부에 퇴적된 폴리머는 그림에서 나타낸 것처럼 이온반사의 원인이 되기도 한다. 방지책으로는 먼저 플라즈마 중의 CF_2 농도를 높여 CF_2에 의한 폴리머를 두껍게 하는 것으로 사이드 식각을 방지한다. 방법은 3장의 3.2.2에서 언급한 것과 같다. 다음으로는 기판의 온도를 높이는 것으로 C의 부착확률을 낮추어 C도 홀 내부로 들어갈 수 있도록 한다. 이와 같이 조건 설정을 행하는 것으로 휨(Bowing)을 방지하는 것이 가능하다.[19] **그림 6-31**에는 3D NAND의 고종횡비 메모리 홀의 식각 예를 나타낸다.[20] 식각 멈춤(Etch stop), 뒤틀림(Twisting), 휨(Bowing)이 없는 식각 형상이 얻어졌다. 실제의

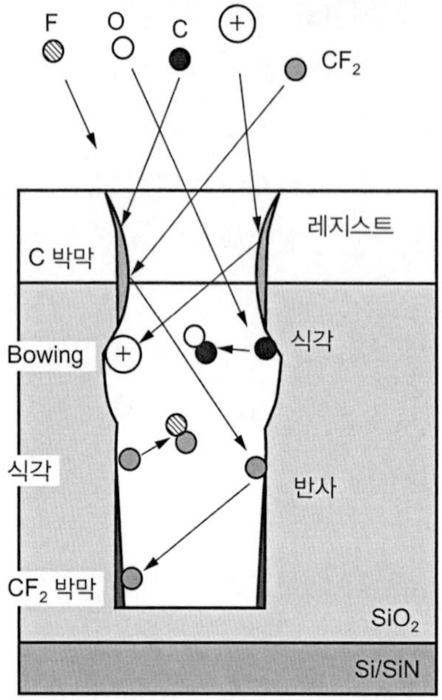

그림 6-30 HARC 식각에 있어서 Bowing 발생 메카니즘[19)]

그림 6-31 3D NAND의 고종횡비 메모리 hole의 식각 예[20)]

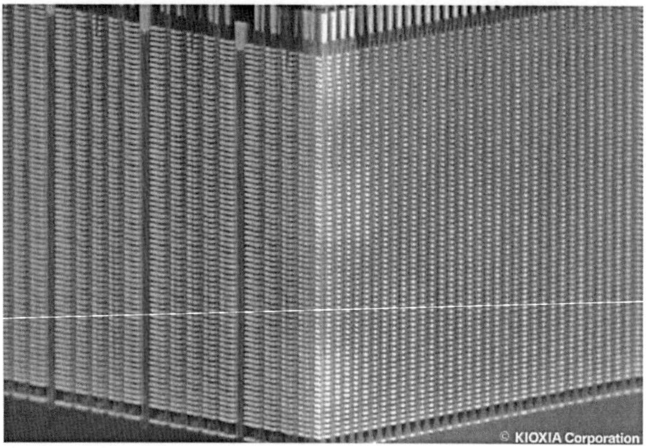

그림 6-32 3D NAND 플래시 메모리(BiCS FLASH) (사진제공: 키옥시아 주식회사)

3D NAND Flash 메모리의 SEM 사진을 **그림 6-32**에 나타내었다. 메모리 셀 어레이가 3차원으로 적층되어 흡사 고층빌딩을 연상하게 하는 구조가 되어 있다.

6.8 3D IC용 식각 기술

차세대 리소그라피 기술인 EUV 리소그라피 기술은 본격적인 양산화로의 적용이 상당히 늦어지고 있고, 리소그라피 기술이 디바이스의 미세화를 좌우하는 기술이 되어 있다. 미세화를 추진하는 기술로서는 앞에서 언급한 것처럼 다중 형상화(Multi Patterning) 기술이 실용화 되어 있지만 공정수가 많아 지기 때문에 제조비용이 증가하는 문제점이 있다. 그리고, EUV 리소그라피 기술이 본격적인 양산에 적용이 된다고 하더라도, EUV 리소그라피 장치 가격이 상당히 비싸기 때문에 그대로 제조 비용의 증가로 반영되어 올 가능성이 있다.

한편, 디바이스의 전기적인 특성으로부터도 미세화의 한계가 지적되고 있다. 예를 들어 Logic device의 트랜지스터의 경우, 게이트 폭의 불균일성에 의한 트랜지스터의 특성 불균일이 무시할 수 없는 영역에 들어오고 있다.

이상과 같은 문제점을 해결하는 기술로서 LSI의 3차원화, 즉 3D IC(Three-Dimensional Integrated Circuit)의 연구가 활발히 행해지고 있다.[21),22)] 이는 **그림 6-33**에서 나타낸 것처럼, 복수의 칩을 적층하는 것으로 집적도를 높이는 기술이다. DRAM이나 Flash 메모리는 이처럼 복수의 메모리 칩을 적층하여 집적도를 높인다. 시스템 LSI에서는 종래의 SoC(System on Chip)이라고 하여 하나의 칩 위에 logic이나 memory 등

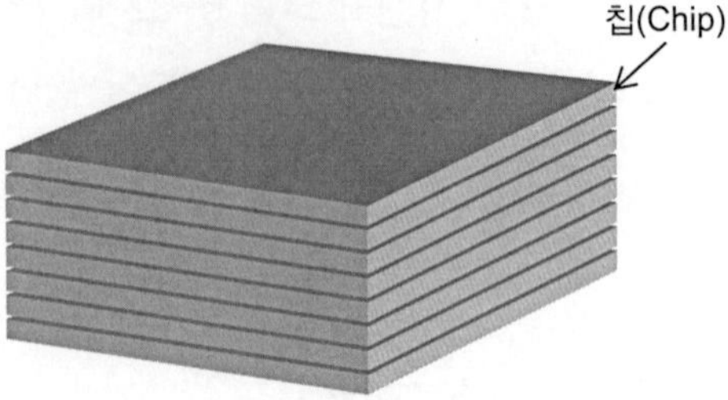

그림 6-33 칩(Chip) 적층에 의한 3D IC

의 이종(異種) 디바이스를 만들어 내고 있지만, 3D IC에서는 logic 칩과 Memory 칩을 적층하여 시스템 LSI를 만든다. **그림 6-34**는 3D IC의 단면 구조를 나타낸다.

3D IC에서는 칩과 칩을 접속하기 위하여 TSV(Through Silicon Via: 실리콘 관통 비아)가 사용되고 있다. 이 TSV는 50 μm~100 μm 정도로

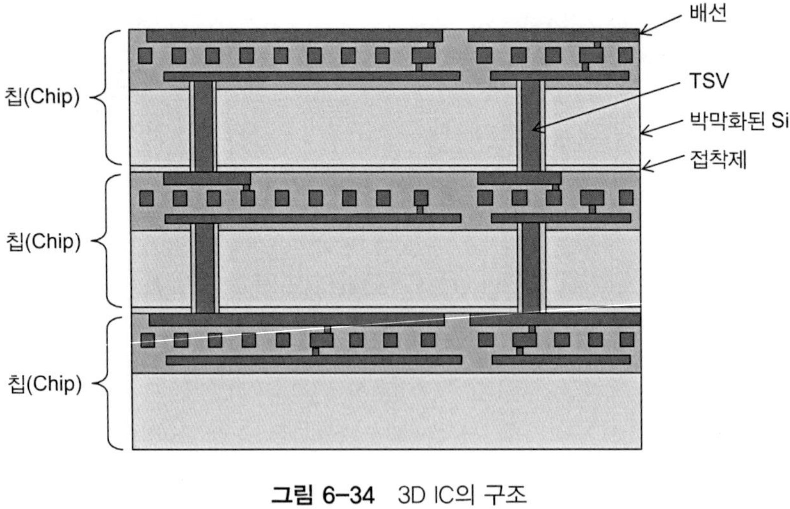

그림 6-34 3D IC의 구조

깊기 때문에 TSV를 형성하기 위한 식각을 Deep Si 식각이라고 부른다. TSV의 식각으로는 일반적으로 보쉬(Bosch) 공정으로 불리우는 식각 방식이 사용된다. 보쉬 공정은 폴리머의 퇴적과 Si의 식각을 상호 반복하는 방식으로서 측벽 보호공정의 한 종류이다. 2장의 2.3.3에서 언급한 것처럼 측벽 보호공정은 일반적으로 폴리머 퇴적과 식각이 동시에 진행되지만, 보쉬 공정은 폴리머의 퇴적과 Si의 식각이 번갈아 가며 행해진다. 그 공정 흐름도를 **그림 6-35**에 나타내었다.

(1) SF_6로 Si을 특정 깊이까지 식각한다.
(2) 다음으로 C_4F_8 가스를 사용하여 폴리머를 퇴적시켜 Si 표면을 보호한다.
(3) 아랫면의 폴리머를 식각하여 제거하고, 계속하여 Si을 식각한다. 이때 측벽에는 폴리머가 잔류하여 라디칼에 의한 공격을 방지한다.

그 다음부터는 이 step을 반복하여 TSV를 형성한다. 폴리머의 퇴적과 식각의 시간은 일반적으로 1초 전후이다. 보쉬 공정에서는 측벽에 스캘럽(Scallop)이라고 불리우는 부채꼴 모양의 물결 문양이 생긴다. TSV

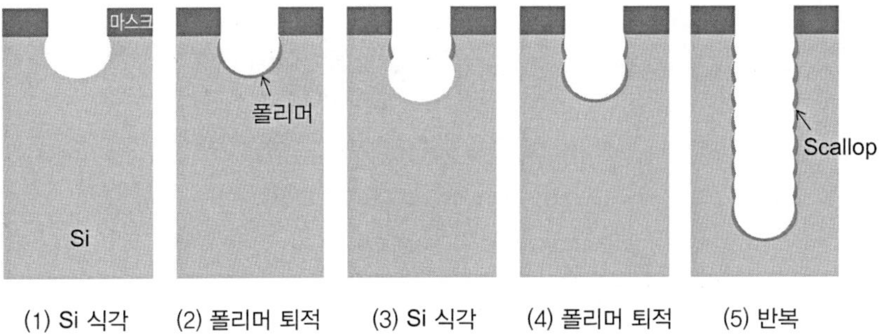

그림 6-35 보쉬(Bosch) 공정

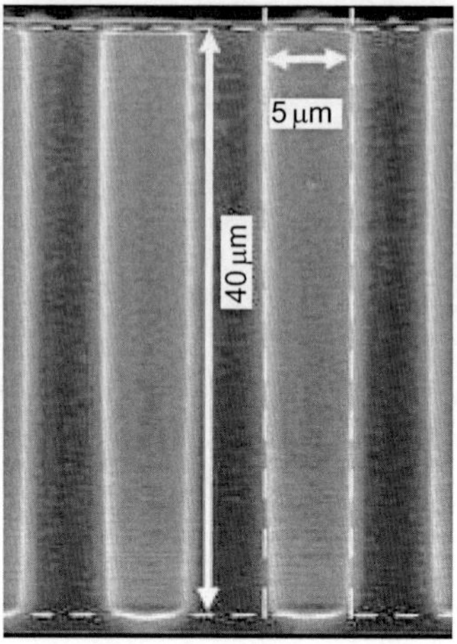

그림 6-36 Bosch 공정으로 형성한 TSV 식각형상[23)]

식각에 있어서는 이 스캘럽을 최대한 작게 하는 것이 필요하다. 이 때문에 폴리머의 퇴적/식각 시간을 짧게 하기도 하고, Si 식각 시간의 사이드 식각량을 낮추는 방법이 효과적이었다. **그림 6-36**은 보쉬 공정으로 형성된 직경 5 μm, 깊이 40 μm의 TSV의 단면 SEM 사진을 나타내었다.[23)] 스캘럽은 거의 눈에 띄지 않는 형태로 완성되어 있다.

[참고문헌]

1) M. T. Bohr: Tech. Dig. Int. Electron Devices Meet., p.241 (1995).
2) S. Uno, T. Yunogami, K.Tago, A. Maekawa, S. Machida, T. Tokunaga & K. Nojiri: Proc. Symp. Dry Process, p.215 (1999).
3) S. Machida, A. Maekawa, T. Kumihashi, T. Fukusawa, K. Tago, T. Ynogami, T. Tokunaga & K. Nojiri: Tech. Dig. Advanced Metallization Conf.: Asian Session, p.19 (1999).
4) T. Fukusawa & Y. Homma: Ext. Abstr. Int. Conf. Solid State Devices &

Materials, p.145 (1996).
5) H. W. Tompson, S. Vanhaelemeersch, K. Maex, A. V. Ammel, G. Beyer, B. Coenegrachts, I. Vervoort, J. Waeterloos, H. Struyf, R. Palmans & L. Forester: Proc. Int. Interconnect Technol. Conf., p.59 (1999).
6) M. Fukusawa, T. Hasegawa, S. Hirano & S. Kadomura: Proc. Symp. Dry Process, p.175 (1998).
7) M. Ikeda, H. Kude, R. Shinohara, F. Shimpuku, M. Yamada & Y. Furumura: Proc. Int. Interconnect Technol. Conf., p.131 (1998).
8) K. Mistry, et al.: Tech. Dig. Int. Electron Devices Meet., p247 (2007).
9) K. Choi, et al.: Tech. Dig. Symp. VLSI Technology, p.138 (2009).
10) G. Kamarthy, I. Orain, Y. Kimura, A. Kabansky, A. Ozzello & L. Braly: Proc. Symp. Dry Process, p.47 (2009).
11) 斧高一, 高橋和生, 江利口浩二: J. Plasma Fusion Res., **85**, 185 (2009).
12) K. Nojiri, G. Kamarthy & A. Ozzello: SEMI Technology Symposium (2009).
13) C. Auth, et al.: Tech. Dig. Symp. VLSI Technology, p.131 (2012).
14) 川崎博久: 応用物理, 第79巻 第12号, p.1103 (2010).
15) G. Kamarthy, G. Lo, I. Orain, Y. Kimura, R. Deshpande, Y. Yamaguchi, C. Lee & L.. Braly: Proc. Symp. Dry Process, p.43 (2009).
16) K. Yahashi, M. Ishikawa, H. Oguma, S. Takahashi, M. Iwase, H. Hayashi, I. Sakai, M. Hasegawa & T. Ohiwa: Proc. Symp. Dry Process, p.279 (2008).
17) J. Hwang, et al.: Tech. Dig. Int. Electron Devices Meet., p.199 (2011).
18) K. Nojiri & E. Iguchi: J. Vac. Sci. & Technol. B**13**, 1451 (1995).
19 N. Negishi, M. Izawa, K. Yokogawa, Y. Momonori, T. Yoshida, K. Nakaune, H. Kawahara, M. Kojima, K. Tsujimoto & S. Tachi: proc. Symp. Dry Process, P.31 (2000).
20) K. Nojiri: Advanced Metallization Conference Tutorial, p.92 (2017).
21) R. Dejule: Semiconductor International, p.14, May (2009).

22) P. Marchal & M. V. Bavel: Semiconductor International, p.24, August (2009).
23) C. Rusu: 55th Int. Symp. America Vacuum Society, PS2-FrM5 (2008).

7장

원자층 식각(ALE)

디바이스가 고집적화 됨에 따라 건식식각에 기대하고 요구되는 사항들이 점점 까다롭게 되고 있다. Logic 디바이스에서는 FinFET이 이미 실용화되어 차세대 디바이스로서 GAA(Gate All Around)가 검토되고 있다.[1)] 패턴 사이즈는 이미 10 nm 이하로 넘어섰고, 원자수로 계산하면 수십 원자 수준이 되었다. 그리고, CD의 불규칙 허용치는 수 원자 수준이 되어 원자 수준의 가공 정밀도가 요구되어 지고 있다.[1)] 이와 같은 배경을 바탕으로 원자층 식각(ALE: Atomic Layer Etching)이 활발히 연구되고 있으며,[2~4)] 10 nm의 Logic 디바이스 제조에 일부 사용되기 시작하였다.

원자 수준에서 반응을 제어하는 ALE는 30년 전부터 연구되었다. 최초의 보고는 1988년의 Yoder의 특허[5)]로 거슬러 올라가는 것이 가능하다. 연구는 1990년대에 정점을 맞이하였다가 그 후에 열기가 식은 후, 2014년경부터 다시 활발하게 되었다. 본 장에서는 ALE의 원리부터 응용까지 상세하게 설명한다.

7.1 ALE의 원리

2장에서 언급한 것처럼 건식식각은 라디칼과 이온의 상호작용에 의하여 진행한다. 즉, 기판 표면에 흡착된 라디칼에 에너지를 가진 이온이 조사(照射) 되는 것으로 반응이 촉진되어 식각이 진행된다. 하지만, 라디칼의 기판 표면 흡착과 이온조사는 동시에 일어나기 때문에 독립적으로 제어하는 것이 가능하지 않으므로 원자 단위의 가공 정밀도를 얻는 것은 상당히 곤란하다. 그리고, 이온과 라디칼이 동시에 또한 연속적으로 기판 표면에서 작용하기 때문에 기판 표면에서 결정의 붕괴(흐트러짐)가 발생한다.[6] 이와는 반대로 ALE는 라디칼의 기판 표면 흡착과 이온조사를 독립적으로 제어가 가능하기 때문에 기존의 건식식각 기술의 한계를 타파하고 원자단위의 가공 정밀도를 실현 가능한 기술로서 기대되고 있다.

ALE의 기본적인 컨셉은 자기 제어 반응(Self-limiting Reaction)이라는 특성을 이용하여 반응을 각 사이클에서 리셋(Reset)하는 것이다. 그

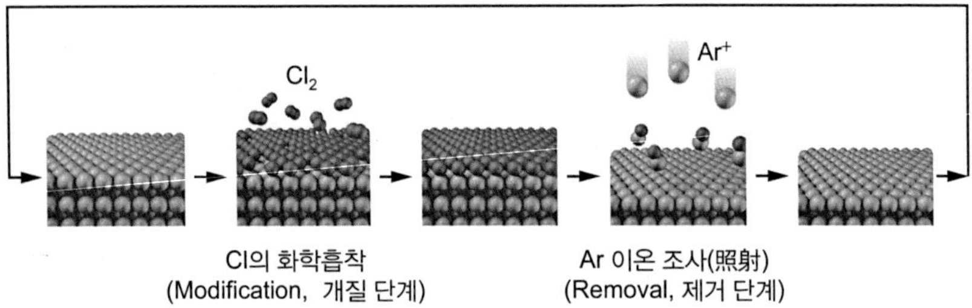

그림 7-1 Si ALE의 공정 흐름도[2]

림 7-1은 Si ALE의 공정순서도를 나타낸다.[2] ALE는 연속되는 2개의 단계, 개질 단계(Modification Step)와 제거 단계(Removal Step)로 구성된다. 그림 7-1의 경우는 Cl의 화학 흡착이 개질 단계에 해당된다. 다음으로 이 Cl의 흡착층에 Ar 이온을 조사(照射)하는 것으로 흡착된 Cl과 Si을 반응시켜 Si을 식각한다. 이것이 제거 단계이다. 방향성을 가진 Ar 이온을 사용하는 것으로 이방성(Anisotropic) 식각이 가능하게 된다. 이상이 ALE의 1 사이클이며, 이것을 반복하는 것으로 식각이 진행된다. 그림 7-1에서 Cl의 화학 흡착은 자기 제어 반응이며, 표면에 흡착층이 형성되면 반응은 자동적으로 정지한다. 그리고, 제거 단계에서도 자기 제어 반응을 한다. 왜냐하면, 흡착된 Cl가 모두 소비되면 그 단계에서 식각이 정지되기 때문이다. 즉, ALE는 기본적으로 자기 제어 식각이다.

7.2 ALE의 특성

7.2.1 Si, GaN 및 W ALE의 공정순서

그림 7-2는 Si, GaN 및 W(텅스텐) ALE의 실제 공정 순서를 나타낸다.[4] 먼저, Cl_2를 반응기(Chamber) 내에 도입한다. 전원(Source Power)를 인가하면 Cl_2 플라즈마가 생성되어, Cl 라디칼이 기판 표면에 공급된다. 이것이 개질 단계이다. 다음으로 Cl_2를 퍼지(Purge)하고, Ar 가스를 도입한다. 전원을 인가하면 Ar 플라즈마가 생성된다. 바이어스 파워(Bias Power)를 인가하는 것으로 Ar 이온을 가속하여 기판표면에 도달하게 한다. 이를 제거 단계라고 한다. 이상이 ALE의 1 사이클이며, 이

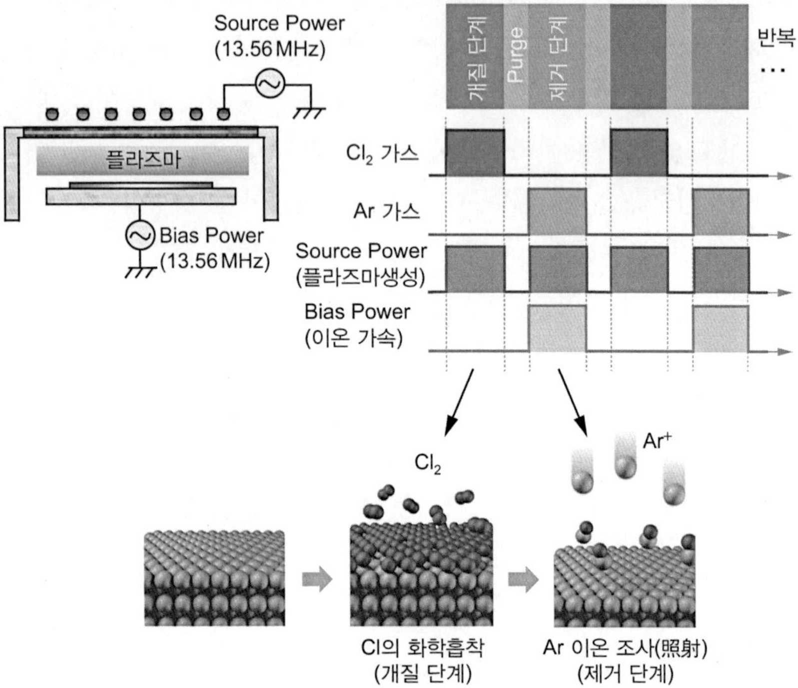

그림 7-2 Si, GaN 및 W ALE의 공정 순서[4)]

사이클을 반복하는 것으로 식각을 진행한다.

7.2.2 자기 제어 반응

그림 7-3은 W ALE에 있어서 개질 단계와 제거 단계의 자기 제어 특성을 나타낸다.[3)] 종축의 EPC(Etch Per Cycle)는 1사이클에서 식각되는 양을 의미한다. 개질 단계에서 시료를 Cl 라디칼에 노출시키는 것만으로는 식각반응이 일어나지 않기 때문에 EPC는 거의 제로(0)이다. 이 실험에서는 Cl_2 플라즈마 처리시간을 변화시킨 샘플에 제거 단계를 실시

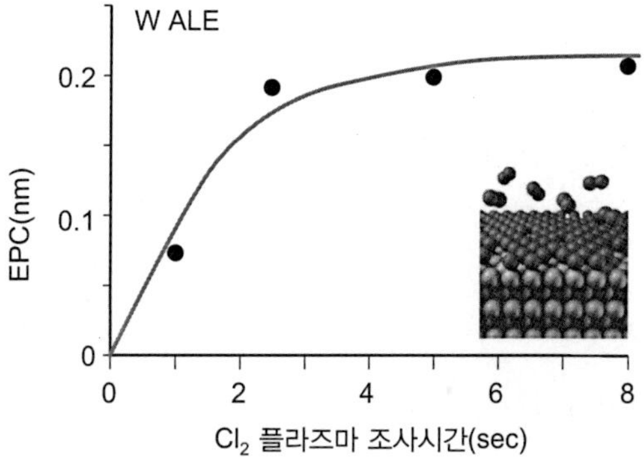

(a) 개질 (Modification) 단계

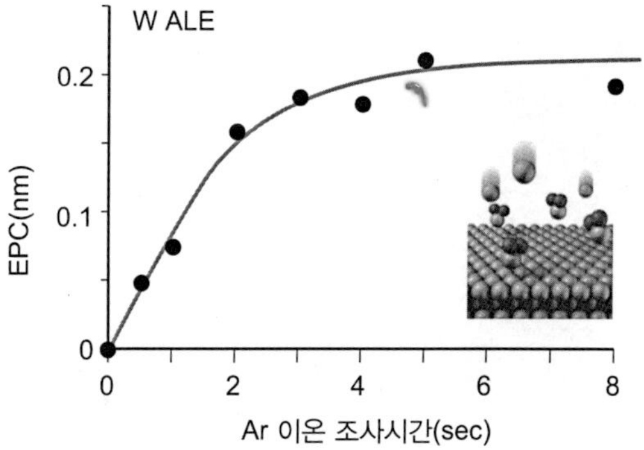

(b) 제거(Removal) 단계

그림 7-3 W ALE의 개질 단계와 제거 단계의 자기 제어 특성[3)]

한 후, EPC를 측정하였다. 즉, 그림 7-3(a)는 간접적으로 Cl 라디칼의 화학 흡착반응에 의한 Cl_2 플라즈마 처리시간 의존성을 나타내고 있다. 앞에서 언급한 것처럼 개질 단계에서 화학 흡착을 사용한 경우 반응은 자기 제어가 된다. 그림 7-3(a)에서 나타낸 것처럼 W ALE에서는 개질 단계의 반응은 약 2초에서 포화되어 있고, 반응이 자기 제어인 것을 알 수 있다. 제거 단계에서는 흡착된 Cl이 전부 소비되면 반응이 정지되기 때문에 반응 역시도 자기 제어(Self-limiting)가 된다. 그림 7-3(b)에서 나타낸 것처럼 W ALE에서는 제거 단계의 반응도 약 2초에서 포화되어 있고, 반응이 자기 제어인 것을 알 수 있다. 이때의 EPC는 0.21 nm이다.

7.2.3 제거 단계에서의 EPC의 이온 에너지 의존성

그림 7-4는 GaN ALE의 제거 단계에 있어서 EPC의 바이어스 전압 의존성을 나타낸 것이다.[7)] 개질 단계의 시간은 2.5초, 제거 단계의 시간은 5초이다. 바이어스 전압은 이온 에너지를 의미한다. 그림 7-4로

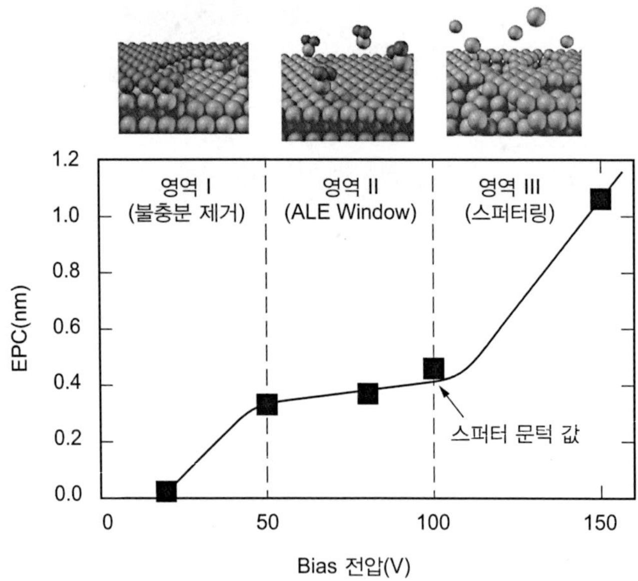

그림 7-4 GaN ALE 제거단계에 있어서 EPC의 bias 전압 의존성[7)]

부터 3개의 다른 공정 영역이 존재하는 것을 알 수 있다.

영역 I(0~50 V)에서의 EPC는 바이어스 전압과 함께 증가하고 있다. 이 영역에서는 이온 에너지가 너무 낮아서 개질층의 제거가 불완전하다는 것을 시사하고 있다. 영역 II(50 V~100 V)의 경우, EPC는 바이어스 전압에 상관 없이 일정하였다. 이것은 휘발성의 반응 생성물을 형성하기에 적당한 에너지가 주어져서 ALE 특유의 자기 제어 반응(Self-limiting Reaction)이 일어난 것을 나타내고 있다. Ar 이온을 조사하는 것으로 형성된 $GaCl_3$나 N_2와 같은 휘발성의 반응 생성물이 표면으로부터 탈착하는 것으로서 식각이 진행되는 것으로 생각된다. 이 영역을 ALE window라고 부르며, 이 영역에 있어서 EPC는 개질층의 깊이에 의해 결정된다. 영역 III(100 V 이상) 에서의 EPC는 바이어스 전압의 증가와 함께 증가하고 있다. 여기서는 이온 에너지가 물리적인 스퍼터링 한계치(문턱값)를 넘어서 스퍼터링에 의한 식각이 일어나고 있는 것을 의미한다. 문턱값(閾値, Threshold) 100 V라는 것은 실험을 통해 얻어진 값으로,[8] 분자 동역학 시뮬레이션(Molecular Dynamic(MD) Simulation)으로 얻어진 에너지의 보고 값과도 일치하고 있다.[9]

7.2.4 표면 평탄화

식각 후의 표면상태를 평가하기 위하여 Si을 ALE 및 일반적인 건식 식각공정에서 식각하여 고분해능 투과형 전자 현미경(HR-TEM, High Resolution Transmission Electron Microscopy) 및 원자간력 현미경(AFM, Atomic Force Microscopy)으로 관찰한 결과를 **그림 7-5**에 나타내었다.[10] 식각량은 약 50 nm이다. 일반적인 건식식각의 경우에서는 상당히 거친 표면이 관찰되었으나, ALE에 의한 식각 후의 표면은 상당

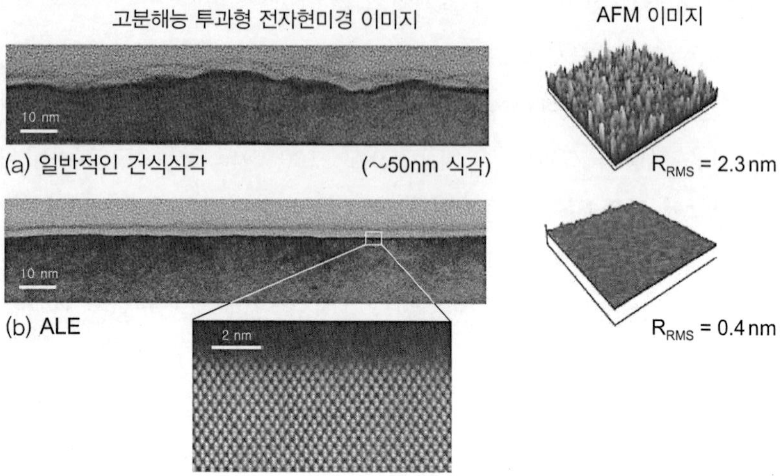

그림 7–5 Si 식각 후의 고분해능 투과형 전자현미경 및 AFM 이미지[10)]

히 매끄러웠다. AFM으로 측정한 면 거칠기 R_{RMS}는 일반적인 건식식각에서는 2.3 nm인 것과 비교하여 ALE에서는 0.4 nm로 상당히 작은 것임을 알 수 있다. ALE에서 상당히 매끄러운 면이 얻어진 것은 자기 제어반응으로 한 개의 층씩 식각하는 ALE의 특징에 의한 것으로, 기존의 건식식각과 비교되는 큰 장점이라고 할 수 있다.

최근, 상당히 흥미로운 실험 결과가 보고되었다. 그것은 ALE 후(後)의 표면의 면 거칠기(Surface Roughness)가 ALE 전(前)보다 개선되었다라는 현상이다.[11)] **표 7–1**은 GaN, Ta, Ru의 실험 결과를 나타낸 것이다. 모든 재료에서 ALE 후의 면 거칠기가 개선되었으며, 특히 Ru은 그 개선효과가 크고, ALE를 100사이클 반복하면 면 거칠기가 75% 개선되었다. 이 ALE에 의한 평탄화 효과는 ALE의 새로운 장점으로 주목 받고 있다. 일반적으로 표면 거칠기는 디바이스 특성에 악영향을 초래하기

표 7-1 ALE에 의한 표면 평탄화 효과[11]

재료	ALE Cycle	표면 거칠기(R_{RMS})		R_{RMS} 개선율
		ALE 전	ALE 후	
GaN	60 Cycle	0.8 nm	0.6 nm	25%
Ta	40 Cycle	1.0 nm	0.7 nm	30%
Ru	100 Cycle	0.8 nm	0.2 nm	75%

때문에, ALE에 의한 평탄화의 효과는 10 nm 이하의 디바이스 제조에 있어서 필수 불가결한 장점을 가지는 무기가 될 것이라 기대된다.

7.3 ALE의 시너지

GaN의 ALE에 있어서 시너지 실험결과를 **그림 7–6**에 나타내었다.[7] 여기서 시너지(Synergy)란 상승효과를 의미하며, 실험은 바이어스 전압 80 V에서 행해졌다. Cl의 화학적 흡착만을 고려하였을 때의 EPC(Etch Per Cycle)는 제로로, 식각이 전혀 일어나지 않는다. 또한, Ar 스퍼터(Sputter)만을 단독으로 행하였을 때의 EPC도 0.05 nm로 상당히 작다. 하지만, 흡착된 Cl 표면에 Ar이온을 조사하면 0.37 nm로 상당히 큰 EPC가 얻어졌다. 이것은 Ar 이온과 흡착된 Cl의 시너지 효과이며, 이는 이방성(異方性) ALE가 가능하다는 것을 시사하는 것이다. 이 결과가 2장의 그림 2–14에서 나타낸 이온 지원반응(Ion-assisted reaction)을 설명하는 Coburn의 실험결과와 흡사하다는 것이 상당히 흥미롭다. ALE의 시너지는 아래와 같이 정의할 수 있다.[3]

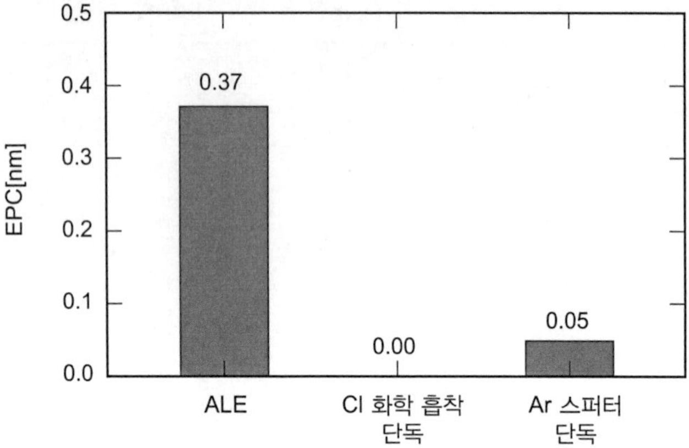

그림 7–6 GaN ALE의 시너지 테스트[7)]

$$\text{ALE 시너지} = \frac{EPC - (\alpha + \beta)}{EPC} \times 100(\%) \tag{7.1}$$

여기서 α는 개질(Modification) 단계에서 식각된 양, β는 이온 조사만으로 식각된 양을 의미한다. GaN의 ALE 예를 들어보면 $\alpha = 0$ nm, $\beta = 0.05$ nm이다. α, β 둘 다 0인 경우가 이상적인 경우이며, 이때의 ALE 시너지는 100%가 된다. Si 및 GaN의 ALE 시너지는 약 90%, W의 ALE 시너지는 약 95%이다.[3)]

7.4 EPC 및 스퍼터 문턱 값을 지배하는 변수(Parameter)

본 절에서는 EPC 및 스퍼터 문턱 값(Threshold)을 지배하는 주요 변수에 대하여 언급한다. **그림 7–7**은 Si, Ge, SiO_2, C, GaN, W의 스퍼

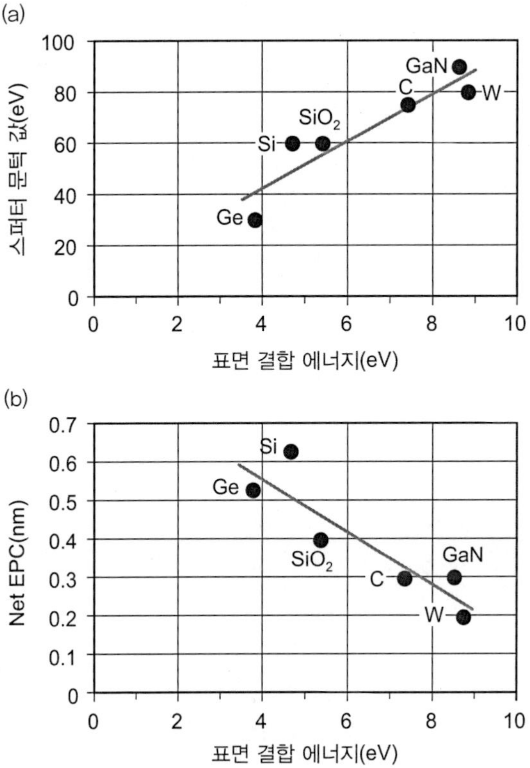

그림 7-7 스퍼터 문턱 값, EPC와 표면 결합에너지 관계[3]

터 문턱 값 및 Net EPC를 표면 결합 에너지의 관계 값으로 정리한 것이다.[3] 여기서 스퍼터 문턱 값은 그림 7-4에서 설명한 것처럼 ALE window에서의 상한 값을 나타낸다. 그리고 Net EPC는 앞에서 언급한 것처럼 EPC$-(\alpha + \beta)$를 의미하는 것으로, EPC로부터 개질 단계에서의 식각량 및 스퍼터 식각의 성분을 제외한 것으로 진정한 의미에서의 EPC를 나타낸다. 그림으로부터 스퍼터 문턱 값, Net EPC 둘 다 표면 결합 에너지와 상당히 강한 상관관계가 있는 것을 알 수 있다. 스퍼터 문턱 값(한계치)은 표면 결합 에너지와 함께 증가한다(그림 7-7(a)). 즉, 표면 결합 에너지가 큰 물질은 스퍼터에 의한 식각이 어렵기 때문에 문턱 값이 크게된다. 이것은 스퍼터 율(Sputter yield)이 표면 에너지에 반비례 한다는 보고와 일치한다.[12] 이처럼 표면 결합 에너지가 큰 물질일수록 ALE window는 이온 에너지가 큰 쪽으로 넓어진다. 반면 Net EPC는 표면 결합 에너지와 함께 감소한다(그림 7-7(b)). 이는 강한 표면 결합 에너지를 가진 물질은 개질 층이 얇은 것을 시사한다. 즉, 강한 결합 에너지를 가진 물질은 개질(Modification) 되는 것이 쉽지 않다는 것을 의미한다.

7.5 SiO_2 ALE

마지막으로 SiO_2 ALE의 SAC 식각 응용에 대하여 서술한다. 3장의 3.2.3에서 설명한 것처럼 SAC(Self-Aligned Contact) 식각이란 게이트 전극 사이에 컨택 홀을 개구(開口)할 때, 식각의 스톱퍼(Stopper)가 되는 질화막(Si_3N_4 박막)으로 게이트를 감싸게 하여 컨택홀의 위치 틀어짐이 발생하여도 컨택홀과 게이트의 단락이 발생하지 않도록 하는 기술이다(그림 3-20 참조). 이처럼 정합 여유(Arrange Margin)를 확대하여 칩 사이즈의 축소가 가능하게 된다. SAC의 식각에 있어서 중요한 것은 SiO_2/SiN의 선택비를 최대로 하는 것이다. 하지만 기존의 건식 식각에서는 **그림 7-8**에서 나타낸 것처럼 SiN 스페이서를 보호하기 위하여 두꺼운 폴리머를 퇴적하면 식각 멈춤(Etch stop)이 일어난다(그림 7-8(a)). 반면, 이것을 회피하기 위하여 폴리머를 얇게 하면, 스페이서인 SiN 막의 코너 손상이 발생한다(그림 7-8(b)). 이것은 교호(交互,

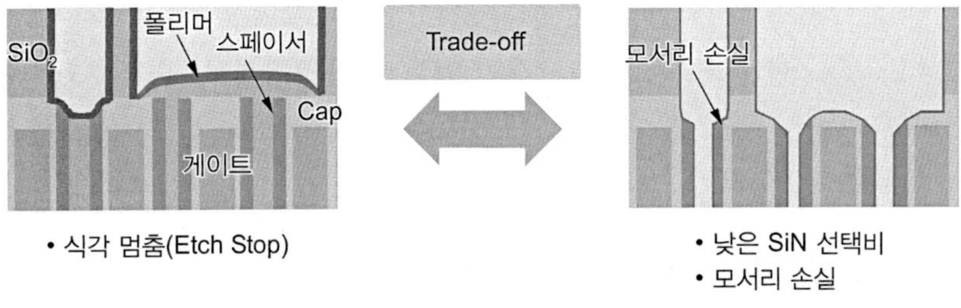

(a) 두꺼운 폴리머　　　　(b) 얇은 폴리머

그림 7–8 일반적인 건식식각에 의한 SAC 식각의 문제점[1)]

Trade-off) 관계가 있어서 기존의 건식식각 방식으로는 이 trade-off 관계를 극복하기가 어렵다. 반대로, ALE의 경우는 개질 단계와 제거 단계를 독립적으로 제어하는 것이 가능하기 때문에 보다 넓은 범위의 조건 설정이 가능하여, 이 교호관계를 극복하는 것이 가능하다. 다음에서는 SiO_2 ALE의 SAC 식각의 적용에 대하여 설명한다.

그림 7–9는 SiO_2 ALE의 공정 흐름도를 나타낸다.[3)] SiO_2 ALE에 있어

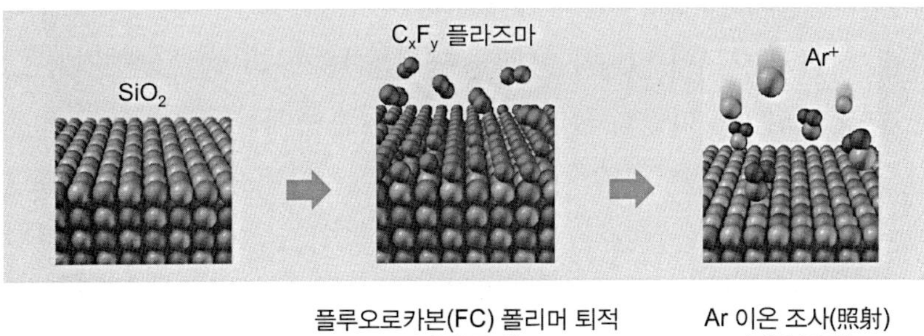

그림 7–9 SiO_2 ALE의 공정 순서도[3)]

서 개질 단계에 플루오로 카본(FC) 폴리머의 퇴적이 사용되었다. 반응기(Chamber)에 C_xF_y 가스를 도입한 후에 플라즈마를 생성하여 FC 폴리머를 기판 표면에 퇴적시킨다. 폴리머의 퇴적 막두께는 시간과 함께 증가한다. 따라서 SiO_2 ALE의 개질 단계는 자기 제어반응을 하지 않는다. 그러므로, SiO_2 ALE를 Quasi-ALE라고 부르기도 하는데, 본서에서는 ALE로 통일하여 기입하기로 한다. 제거 단계에서는 Ar 이온의 조사(照射)를 사용한다. Ar 이온을 조사하는 것으로 표면에 퇴적된 폴리머와 SiO_2가 반응하여 식각이 진행된다. 그리고, 폴리머와의 반응이 끝나면 식각은 멈춘다. 다시 말해, 제거단계는 자기 제어(Self-limiting) 반응을 한다.

그림 7-10은 SiO_2의 식각량과 폴리머 두께를 공정시간의 관계로 표현한 것이다.[13] 개질 단계의 진행과 함께 SiO_2상의 폴리머 막두께는 증가한다. 제거 단계에 들어가면 퇴적된 폴리머와 SiO_2의 경계에서 혼합층이 형성되어 SiO_2의 식각이 시작된다. 그리고, SiO_2 위의 폴리머가 모두 반응을 하게 되면 ALE의 1 사이클이 종료된다. 그 후에도 Ar을 계속 조사하게 되면 조금이긴 하지만 SiO_2의 식각이 진행되는데, 이것은 물리적인 스퍼터에 의한 것이다. SiO_2의 경우, 플루오로 카본 폴리머는 SiO_2로부터 배출되는 산소에 의하여 소비된다. 반면, SiN은 산소를 포함하고 있지 않기 때문에 SiO_2와 비교하여서 천천히 폴리머를 소비한다. 그 결과, ALE의 1 사이클이 끝나게 되면 SiO_2 표면에는 폴리머의 잔유물이 남아 있지 않지만, 그림 7-10의 점선으로 나타낸 것처럼 SiN위 표면에는 어느 정도의 폴리머가 잔류하게 된다. 따라서, **그림 7-11**에서 보인 것처럼 SiO_2는 ALE 사이클과 함께 식각이 진행되어 가지만 SiN은 중도에서 식각이 정지한다.[13] 그 결과, 상당히 높은 SiO_2/SiN 선택비를 얻는 것이 가능하다.

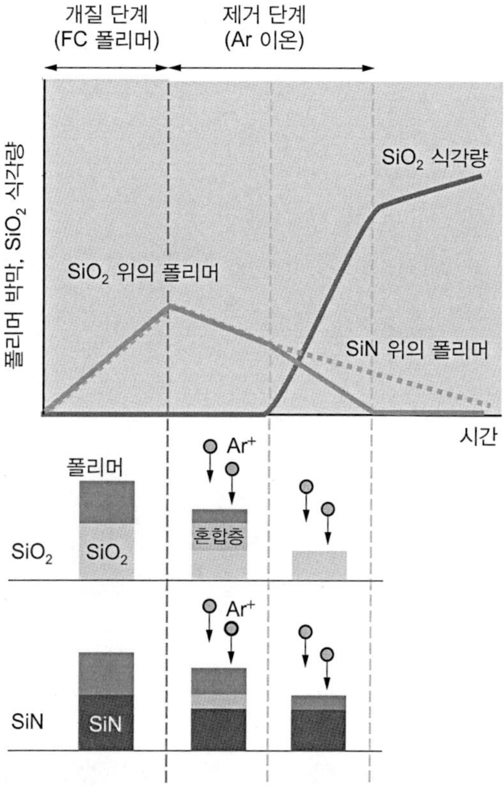

그림 7-10 SiO_2 및 SiN의 ALE 모델[13)]

그림 7-12는 SiO_2 ALE를 실제의 SAC 식각에 적용한 예를 나타낸다.[14)] 이 예에서는 FC 폴리머의 퇴적(개질 단계)을 위하여 C_4F_6/Ar/O_2 플라즈마를 사용하였고, 제거 단계에서는 Ar 이온을 사용하였다. 기존의 건식식각 방식으로 식각을 하는 경우, 코너 부분의 SiN 손실은 22.2 nm로 상당히 크지만 ALE 방식으로 식각을 하는 경우는 그 손실이 약 6 nm였다. 이것은 각 박막 위의 FC 폴리머 두께를 ALE로 정밀하게

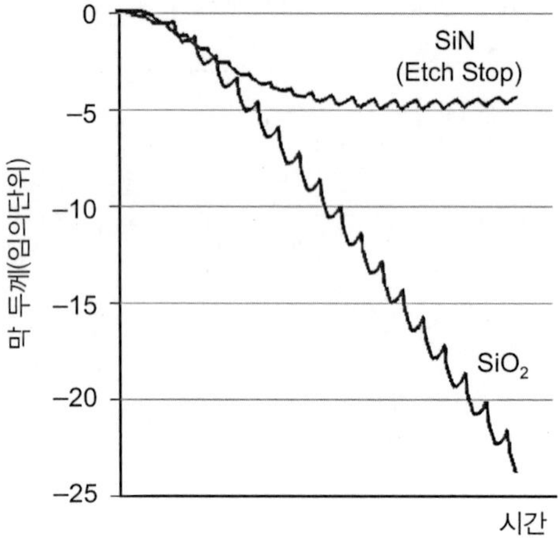

그림 7-11 SiO_2, SiN 식각량의 시간 의존성[13)]

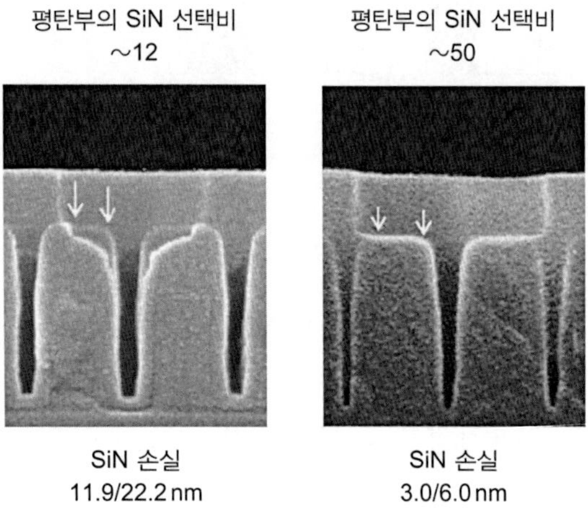

(a) 기존 건식식각 (b) ALE

그림 7-12 SiO_2 ALE의 SAC 시각 적용 예[14)]

제어하는 것으로 SiN을 FC 폴리머로 보호하면서 식각하고 있기 때문이다. 이처럼 ALE는 종래의 건식식각에서 보여지는 교호(Trade-off) 관계를 극복하는 것이 가능하며, 식각 멈춤(Etch stop)을 발생하는 것 없이 코너 손실을 감소시키는 것이 가능하다. 이러한 특징 때문에 ALE를 사용한 SAC 공정은 이미 10 nm Logic 디바이스 제조에 적용되었다.[15)]

7.6 결론

이상으로 ALE의 원리로부터 응용까지 구체적인 실험 자료를 근거로 해설하였다. ALE는 건식식각의 원리원칙으로 돌아오는 과정이며, 본 장에서 설명한 것처럼 종래의 건식식각 기술의 한계를 타파하는 여러 가지의 특징을 가지고 있다. ALE는 점차적으로 10 nm Logic 디바이스 제조에 일부 사용되기 시작하고 있지만, 앞으로 이 중요성은 더욱 증가할 것이라 생각한다. 추후 응용범위를 확대하기 위해서는 디바이스의 특성과 관련된 연구도 포함하여 설비 제조사와 디바이스 제조사의 친밀한 연대가 필요하다. 또한, 반응 메커니즘 해명을 위하여 대학의 적극적인 참여가 기대된다. ALE는 개질 단계와 식각 단계를 반복하면서 식각이 진행되기 때문에 어떻게 하여도 처리량(Throughput)이 낮을 수밖에 없다. 앞으로는 ALE에 특화된 생산성이 높은 장치의 개발도 큰 과제가 될 것이다.

[참고문헌]

1) K. Nojiri: Advanced Metallization Conf. Tutorial (2017).
2) K. J. Kanarik, T. Lill, E. A. Hudson, S. Sriraman, S. Tan, J. Marks, V.

Vahedi and R. A. Gottscho: J. Vac. Sci. Technol. A **33**, 020802 (2015).

3) K. J. Kanarik, S. Tan, W. Yang, T. Kim, T. Lill, A. Kavansky, E. A. Hudson, T. Ohba, K. Nojiri, J. Yu, R. Wise, I. L. Berry, Y. Pan, J. Marks and R. A. Gottscho: J. Vac. Sci. Technol. A **35**, 05C302 (2017).
4) K. Nojiri: Ext. Abstr. Int. Conf. Solid State Devices and Materials, p.195(2018).
5) M. N. Yoder: US patent 4756794 (12 July, 1988).
6) M. E.Barone and D. B. Graves: Plasma Sources Sci. Technl. 5, 187 (1996).
7) T. Ohba, W. Yang, S. Tan, K. J. Kanarik and K. Nojiri: Jpn. J. Appl. Phys. **56**, 06HB06 (2017).
8) S. J. Pearton, C. R. Abernathy, F. Ren and J. R. Lothian: J. Appl. Phys. **76**, 1210 (1994).
9) K. Harafuji and K. Kawamura: Jpn. J. Appl. Phys. **47**, 1536 (2008).
10) K. J. Kanarik, S. Tan, J. Holland, A. Eppler, V. Vahedi, J. Marks and R. A. Gottscho: Solid State Technol., p.14, Dec. (2013).
11) K. J. Kanarik, S. Tan and R. A. Gottscho: J. Phys. Chem. Lett. **9**, 4814 (2018).
12) P. Sigmund: Phys. Rev. **184**, 383 (1969).
13) G. Delgadino, D. Lambert, R. Bhowmick, A. Jensen, D. Le, M. Lim, V. Jaju and S. Deshmukh: Abstr. Advanced Metallization Conf., p.16 (2017).
14) M. Honda, T. Katsunuma, M. Tabara, A. Tsuji, T. Oishi, T. Hisamatsu, S. Ogawa and Y. Kihara: J. Phys. D **50**, 234002 (2017).
15) Lam Research Corporation Press Release (Sep. 6th, 2016).

8장

건식식각 기술의 과제와 전망

8.1 건식식각의 기술 혁신

필자는 1975년도부터 반도체 업계에 종사하게 되었다. 그 이전의 3년간은 대학, 대학원에서 반도체 연구를 행하였기에, 현재에 이르기까지 약 48년의 긴 세월에 걸쳐 반도체에 종사하게 되었다. 그 사이 디바이스의 미세화 · 고집적화와 기판의 대구경화의 놀라운 진전(進展)을 가져왔다. 필자가 반도체 업계에 입문할 1975년 당시는 바이폴라 트렌지스터가 많이 제조되었고, IC는 5 μm 공정인 16 kbit DRAM의 생산이 겨우 시작되는 시기였다. 하지만, 2020년인 현재는 5 nm 노드의 Logic 디바이스가 본격 양산에 도입되려고 하고 있다. 그리고 Si 기판의 직경도 당시는 75 mm였었지만, 현재는 300 mm의 기판이 사용되고 있다. 정말로 격세지감을 느낀다.

건식식각 기술은 리소그라피 기술과 함께 디바이스의 미세화를 견인하여 온 핵심 기술이다. 1975년 당시의 식각이란 기판의 식각이 주류였고, 건식식각은 원통형의 장치가 레지스트의 에셔, 기판의 후면 박막제거, 본딩 패드부분의 절연막 식각용으로 사용되는 정도였다. 하지만, 지금은 이미 아네르바社의 Hosokawa 등에 의한 RIE의 연구가 상당히 진행되어 양산용의 RIE 건식식각 장치로서 결실하였다. 이 RIE 기술은 제25회 Okochi상을 수상하였다.[1] 이것으로부터 건식식각은 미세 가공 기술로서의 첫 발을 내디뎠다. 이것이 건식식각에 있어서 최초의 기술 혁신이다.

다음으로의 기술혁신은 매엽식 건식식각 장치의 개발 및 실용화이다. 4장에서 상세하게 언급한 것처럼 기판의 대구경화에 대응하기 위해서는 Batch 방식에서 매엽식으로의 제조 방식의 전환이 필요하며, 이 방식을 적용하기 위해 저압의 고밀도 플라즈마 형성 기술이 필요하였다. 이것을 실현한 것이 히다찌社의 Suzuki 등에 의하여 개발된 ECR 플라즈마 식각장치이며, 필자도 그 실용화에 관여하였다. 이 기술은 36회 Okochi상을 수상하였는데, Okochi상 중에서도 최고의 상인 Okochi 기념상을 수상하였다.[2]

건식식각을 위해서는 플라즈마가 사용되기 때문에 충전 손상(Charge-up Damage)이 문제가 되어 일시적으로 플라즈마 기술은 앞으로 미세 가공을 위하여서 사용되지 못할 것이라는 얘기도 들었다. 하지만, 1980년대 후반부터 1990년대 전반에 걸쳐서 일본을 중심으로 충전 손상에 관한 연구가 정렬적으로 행하여져서 그 메커니즘이 명확하게 되었다.[3] 필자가 속해 있던 히다찌社를 시작으로 하여 Toshiba, Fujitsu, Panasonic 각 社가 손상의 계측에서부터 모니터링까지 연구에 전력을 다하였다. 실로, 일본이 세계를 이끌었다라고 해도 과언이 아니었다. 그 결과 많은 문제가 해결되어 결국은 현재에 이르러 플라즈마가 사용되게 되었다. 그리고, 그 후에도 플라즈마는 계속 사용되고 있다. 이

또한 건식식각 기술에 있어서 기술혁신 중의 하나라고 말할 수 있겠다.

미세가공기술에 국한하지 않고 반도체의 역사 중에서는 여러가지 기술 혁신이 진행되고 있으며, 기존의 반도체 제조에 적용되는 것이 불가능할 것이라고 생각되었던 기술들이 점점 실용화 되면서 오늘에 이르렀다. 그리고, 지금도 여러 부분에 있어서 혁신적인 기술들이 나타나고 있기에 반도체 산업은 계속하여 발전할 것이라고 확신한다.

8.2 앞으로의 과제 및 전망

6장 6.6절에서 언급한 것처럼 EUV 리소그라피 기술의 본격적인 양산 적용이 늦어지면서 SADP나 SAQP라고 하는 다중 형상화(패터닝) 기술이 실용화 되면서 디바이스의 미세화를 견인해 왔다. EUV 리소그라피 기술은 아직 생산성은 낮지만 7 nm의 Logic 디바이스부터 일부의 공정에서 적용되기 시작하였다. 앞으로 5 nm, 3 nm와 미세화가 진행됨에 따라 적용 공정은 증가해 갈 것이라고 생각된다. 하지만 EUV의 해상도 한계 이하에서의 패턴 형성을 위해서는 역시 SADP나 SAQP는 필요하여 다중 패터닝 기술은 앞으로도 사용될 것으로 예상된다.

미세화를 극한까지 추구하여 집적도를 높이는 방법과 다른 한편으로 LSI를 3차원으로 하여 집적도를 높이려고 하는 방법이 있다. 앞으로의 LSI가 3차원 구조로 옮겨가는 것은 틀림없는 방향일 것이다. 먼저는 6장 6.8절에서 언급한 것처럼 TSV를 사용한 칩의 집적 기술이다. 현재, 칩의 집적기술은 이미지 센서에서 본격적으로 양산되고 있으며,[4] 또한 메모리나 Logic 디바이스에서도 일부 적용되기 시작하였다. 메모리의 적용에 있어서 최대 과제는 제조 비용을 낮추는 것이며, TSV 식각 관점에서 보면 식각속도를 높이고 생산성을 향상시키는 것이 요구되고 있다. LSI의 3차원화에 있어서 또 다른 흐름은 디바이스 구조 자체의 3차원화 기술이다. 6장 6.7절에서 언급한 것처럼 Flash 메모리에 있어서는 종래의 평판형(Planar) 타입에서 메모리 셀을 3차원으로 적층한 3D NAND로 이동하고 있다. 현재, 본격적으로 양산되고 있는 96층의 3D NAND Flash 메모리에서는 메모리 홀의 종횡비(Aspect Ratio)는 60을 넘고 있다. 추후 층수가 증가됨에 따라 종횡비는 더욱 증가할 것이기 때문에 메모리 홀의 식각과 관련하여 요구되는 사항들은 더욱더 까다롭게 요구될 것이다. 또한, 6.7절에서 언급한 것처럼 고종횡비의 메모리 홀 식각은 이온 에너지를 높이는 것과 식각 중의 온도제어가 중요하다. 이온 에너지를 높이기 위하여 저주파에 높은 파워의 RF 전원이 사용되는 경향이 있으나, RF 파워에 관하여서는 점점 고 power화가 진행될 것으로 생각된다. 또한, 플루오로 카본의 흡착을 제어하기 위하여 식각 도중에 온도를 미세하게 조정하는 기술도 필요할 것이다. 하지만 이 상태로 종횡비가 계속하여 크게 되면, 식각공정에 미치는 부담도 크게 되므로 디바이스 구조를 고려하여 종횡비의 증대를 피하는 접근도 제안되고 있다.[5]

새로운 메모리로서 PCM(Phase Change Memory), MRAM(Magnetoresistive Random Access Memory), ReRAM(Resistive RAM) 등이 개발되고 있다. 초기에는 DRAM이나 Flash Memory를 대체하기 위한 차세대 메모리로서 기대 되었는데 미세 가공이 어려워, 현재는 주로 혼재 메모리(混載, Embedded Memory)로서 사용되고 있다.[6]

PCM에서는 Ge, Sb, Te으로 구성된 GST 등의 새로운 재료가 사용된다. MRAM에서는 자성체를 띤 박막인 NiFe, CoFeB과 자기 저항박막인 MgO 등이 사용된다. 그리고 ReRAM에서는 각종 금속 산화물이 사용되고 있다. 이것들은 휘발성의 반응생성물을 얻는 것이 어려운 물질로서 기존의 건식식각 기술로서는 가공이 상당히 어렵다. 특히, MRAM과 같은 자성 물질에서는 이온 빔 식각에 의존할 수밖에 없는 실정이다. 현재 실용화 되고 있는 혼재 메모리는 22 nm 노드 수준의 메모리이며,[6] 그 이상의 미세화 · 고집적화를 실현하기 위해서는 새로운 건식식각 기술의 개발이 필요하다. 그리고 최근에는 이와 같은 새로운 메모리를 Neuromorphic computing(인간의 뇌의 작용에서 영감을 얻은 컴퓨팅 기술)의 시놉시스로 사용하는 연구가 주목을 받고있다.[7] 이러한 의미에서도 미세화는 반드시 필요하며, 새로운 건식식각 기술이 요구되고 있다. 새로운 기술로 ALE의 응용이 고려되고 있다. 최근 헥사 플루오로 아세틸아세톤(Hexa-Fluoro-acetylacetone: Hfac)과 같은 디케톤(DiKetone)에 의한 휘발성이 높은 금속복합체를 형성하여 천이금속을 식각하는 ALE 기술이 보고 되었다.[8] 식각은 등방성(等方性)이지만 이 방식을 응용하여 이방성(異方性) ALE가 가능하게 되면 획기적인 발전을 이룰 것이다.

ALE는 간신히 10 nm Logic 디바이스의 제조에 일부 사용되기 시작하는 단계이지만, 기존의 건식식각 기술의 한계를 타파할 수 있는 여러 가지의 특징을 가지고 있으며, 추후 적용 범위가 넓어져 갈 것이다. 그 중에서도 개질 단계와 제거 단계를 독립적으로 제어가 가능한 것이나, 평탄한 표면을 얻을 수 있는 것은 상당히 큰 특징이며, 저 손상 식각(Low damage etching), 초고(超高) 선택비 식각으로의 응용, 난(難)식각 물질의 가공, 표면 세정(Cleaning)등 새로운 분야로의 응용이 기대된다. 최근, 개질 단계에 있어서 플라즈마를 사용하고, 제거 단계에서 열에너지를 사용하는 Thermal ALE 방식의 연구가 진행되고 있다.[9] 이것은 등방성 ALE(Atomic Layer Etching)이지만 메모리나 Logic 디바이스의 3차원화와 함께, 초고(超高)선택비의 등방성 식각이 필요한 공정이 증가하고 있는 것으로부터 이 분야의 응용이 기대된다. ALE는 개질 단계와 제거 단계를 반복하여 식각을 진행하기 때문에 어떻게 하여도 처리량(Throughput)은 낮아지게 될 것이다. 이러한 관점에서 앞으로는 ALE에 특화된 생산성이 높은 설비의 개발이 또 하나의 큰 과제가 될 것이다.

수율 및 생산성 향상 면에서는 3장에서 언급한 것처럼 가공 사이즈(CD)의 면내 균일성을 향상시키기 위해 다양한 제어방법(튜닝방법)의 개발과 기판 간(間), Lot별, 반응기(Chamber)별의 분산을 감소시키기 위하여 자가 진단방법이나 챔버 컨디셔닝 기술의 개발이 진행되어 왔다. 4차 산업의 스마트 공장(Smart Factory)에서는 노동력의 절약을 위해, 예를 들어 장비의 부품교환 시기를 자가 진단하여 자기 보수하는 지능형 장치가 요구되고 있다. 최근에는 챔버를 개방하지 않고, 자동적으로 Edge-ring을 교환하는 기술로부터 유지보수 빈도를 현저히 감소시키는 장비도 출시되고 있다.[10] 앞으로는 AI를 활용한 기계학습이나 시뮬레이션을 장착한 설비, 공정제어 기술의 개발이 가속될 것으로 생각되지만, 새로운 모니터링 기술의 개발과 물리 모델을 시뮬레이션에 접목 시키는 것 등이 필요하게 될 것이다.

8.3 엔지니어로서의 각오

반도체가 "산업의 쌀"이라고 불린지는 오래되었지만 고도 정보사회에 있어서 반도체는 점점 더 없어서는 안될 존재가 되었다. 반도체 산업은 계속 성장할 것이고 반도체 미래는 밝을 것이다. 여러 가지 면에서 미세화는 한계에 다다랐으며, 이를 해결하기 위하여 3차원 구조도 실용화 되고 있다. 필자는 앞으로 가로막는 벽을 깨뜨릴 수 있는 혁신적인 기술이 반드시 나올 것이라고 확신한다. 왜냐면, 필자 역시 ECR 플라즈마 식각기술의 개발이나 충전에 관한 연구 경험에서 그것을 실감하였다. 또한, 양산 공장에서의 경험을 해본 바, 현장의 문제에 있어서 해결되지 않은 문제는 없었다.

건식식각에 기대하는 요구사항은 더욱 까다로워져 공정개발은 상당히 난이도가 높아지고 있다. 경험과 육감에 의지하여 실험을 반복하는 것으로는 공정조건을 구하는 것이 이미 한계에 봉착하였다. 플라즈마 내부 및 반응 메커니즘을 고찰하면서 공정조건을 최적화하는 것이 필요하다. 그리고, 건식식각의 반응 메커니즘이 아직 명확하게 규명된 것은 아니다. 하지만, 2장에서 언급한 것처럼 가스종류를 선정함에 있어서 이온의 화학적 스퍼터링 율이나 원자간의 결합에너지를 고려하는 등의 몇 가지 참고 할만한 접근방식과 기초자료는 있다. 필요한 것은 평상시 무엇을 행할 때 기본으로 돌아가서 생각하는 것이다. 블랙박스와 같은 실험챔버 내에서 어떤 일이 일어나고 있는가를 기본에 입각하여 생각하는 태도가 필요하다.

식각에 종사하는 엔지니어는 주변기술, 즉 다른 공정기술에 대하여서도 지식을 가질 필요가 있다. 그리고, 디바이스의 구조나 디바이스의 특성에 대하여서도 깊은 지식을 습득할 필요가 있다. 예를 들어 플라즈마 손상에 관하여서 이해를 하고 대책을 세우기 위해서는 플라즈마와 디바이스에 대한 둘 다의 지식이 필요하다.

중요한 것은 평상 시, 새로운 것에 도전하고자 하는 개척자적 정신이다. 그리고, 많은 사람들의 식견을 끌어 모아 끈기 있게 행하는 것이다. 이것을 가지고 있다면 어떠한 일이 발생한다 하더라도 해결방법을 찾

아낼 수 있을 것이다. 신기술이나 신물질의 개발, 실용화에는 시간이 걸린다. 경영자나 관리자는 이것을 이해하고 젊은 엔지니어를 지원하였으면 한다.

미세 가공기술에 있어서 플라즈마는 앞으로도 계속 사용될 것이다. 젊은 엔지니어들의 활약을 기대하며 이만 펜을 놓고자 한다.

[참고문헌]

1) 田中利明, 花沢国雄, 鵜飼勝三, 細川直吉: 第25回大河内賞受賞研究業績概要 (1979).
2) 鈴木敬三, 川崎義直, 掛樋豊, 野尻一男, 清水真二: 第36回大河内賞受賞業績報告書 (1990).
3) 半導体プロセスにおけるチャージングダメージ(リアライズ社, 1996).
4) H. Tsugawa, et al: Tech. Dig. Int. Electron Devices Meet., p.56 (2017).
5) M. Fujiwara, et al: Tech. Dig. Int. Electron Devices Meet., p.642 (2019).
6) W. J. Gallagher, et al: Tech. Dig. Int. Electron Devices Meet., p.42 (2019).
7) W. Kim, et al: Tech. Dig. Symp. VLSI Technology, p.T66 (2019).
8) T. Ito, K. Karahashi and S. Hamaguchi: 6th International workshop on ALE, ALE1-TuM1 (2019).
9) K. Shinoda, N. Miyoshi, H. Kobayashi, M. Izawa, T. Saeki, K. Ishikawa and M. Hori: J. Vac. Sci. Technol. A **37**, 051002 (2019).
10) Lam Research Corporation Press Release(April 24th, 2019).

찾아보기

ㅎ

A

B